山东省典型区
水文站网研究与评价

侯世文　苏文松　马亚楠◎著

·南京·

图书在版编目(CIP)数据

山东省典型区水文站网研究与评价 / 侯世文，苏文松，马亚楠著. -- 南京 ：河海大学出版社，2024.4

ISBN 978-7-5630-8960-4

Ⅰ. ①山… Ⅱ. ①侯… ②苏… ③马… Ⅲ. ①水文站—研究—山东 Ⅳ. ①P336.252

中国国家版本馆 CIP 数据核字(2024)第 080700 号

书　　名	山东省典型区水文站网研究与评价
书　　号	ISBN 978-7-5630-8960-4
责任编辑	章玉霞
特约校对	姚　婵
封面设计	徐娟娟
出版发行	河海大学出版社
地　　址	南京市西康路 1 号(邮编:210098)
电　　话	(025)83737852(总编室)　(025)83722833(营销部)
经　　销	江苏省新华发行集团有限公司
排　　版	南京布克文化发展有限公司
印　　刷	广东虎彩云印刷有限公司
开　　本	710 毫米×1000 毫米　1/16
印　　张	11
字　　数	203 千字
版　　次	2024 年 4 月第 1 版
印　　次	2024 年 4 月第 1 次印刷
定　　价	59.00 元

前言

Preface

位于黄河下游的东平湖，是汶河、济水尾闾汇水的天然湖泊，是山东省第二大淡水湖、国家南水北调东线工程和京杭运河复航重要枢纽，承担分滞黄河洪水和调蓄大汶河洪水的双重任务，是“美丽中国”十佳旅游景区、国家水利风景区。

大汶河，古称汶水，北魏时期为济水的支流，历经历史的沧桑与演变，现为黄河下游的最大支流。大汶河贯穿济南、泰安两市，东与淄博市、临沂市相邻，南与济宁市相连，西隔黄河与聊城市及河南省濮阳市相望。流域内有“五岳之首”的泰山；有孕育 5 000 年文明的大汶口文化；有被誉为“北方都江堰”“京杭大运河之心”的戴村坝水利枢纽工程。这里有位于黄河、淮河、运河交汇地带的大型湖泊和群山环抱的水库群，地貌类型包含山区、丘陵和平原。

鉴于大汶河及东平湖流域具有的特殊地位和作用，本研究选取泰安市辖区水文站网作为典型区，从流域、水系、河流、测站基本属性、设站目的、受工程影响情况、测验项目、测验方式、测站功能等方面着手普查调研，对水文站网密度布局、河流水量控制、行政区界水资源控制、防汛测报、水质监测、水资源管理监测、受水利工程影响及区域代表站调整等方面进行评价；梳理查找存在的主要问题，给出改进的措施及建议，以期最大限度地发挥水文站网的整体功能，促进水文事业的健康可持续性发展，使其在经济建设中发挥更大的作用，具有重要的现实意义。

随着社会经济的发展，跨省、市河流的水量分配越来越重要，公平合理地调配水量，促进相邻省市的共同发展，显得尤为重要。在流域省、市界交界处设置水量控制站点，可以为合理分配水量提供科学依据。当前和今后时期，水文工作作为水利建设的尖兵、抗旱防汛的耳目，地位会更加坚固；在维持水生态监测、实施最严格水资源管理和为保护河湖健康提供保障上，作用将更加凸显。水文工作在“建设造福人民的幸福河”的新形势、新要求下，要从水文站网布局调整、水资源监测体系建设等方面抓好水文支撑。

由于作者水平所限，书中可能存在一些问题，欢迎读者提出宝贵意见，作者会调查落实并予以纠正。

目录

Contents

第一章

水文环境与水文特征

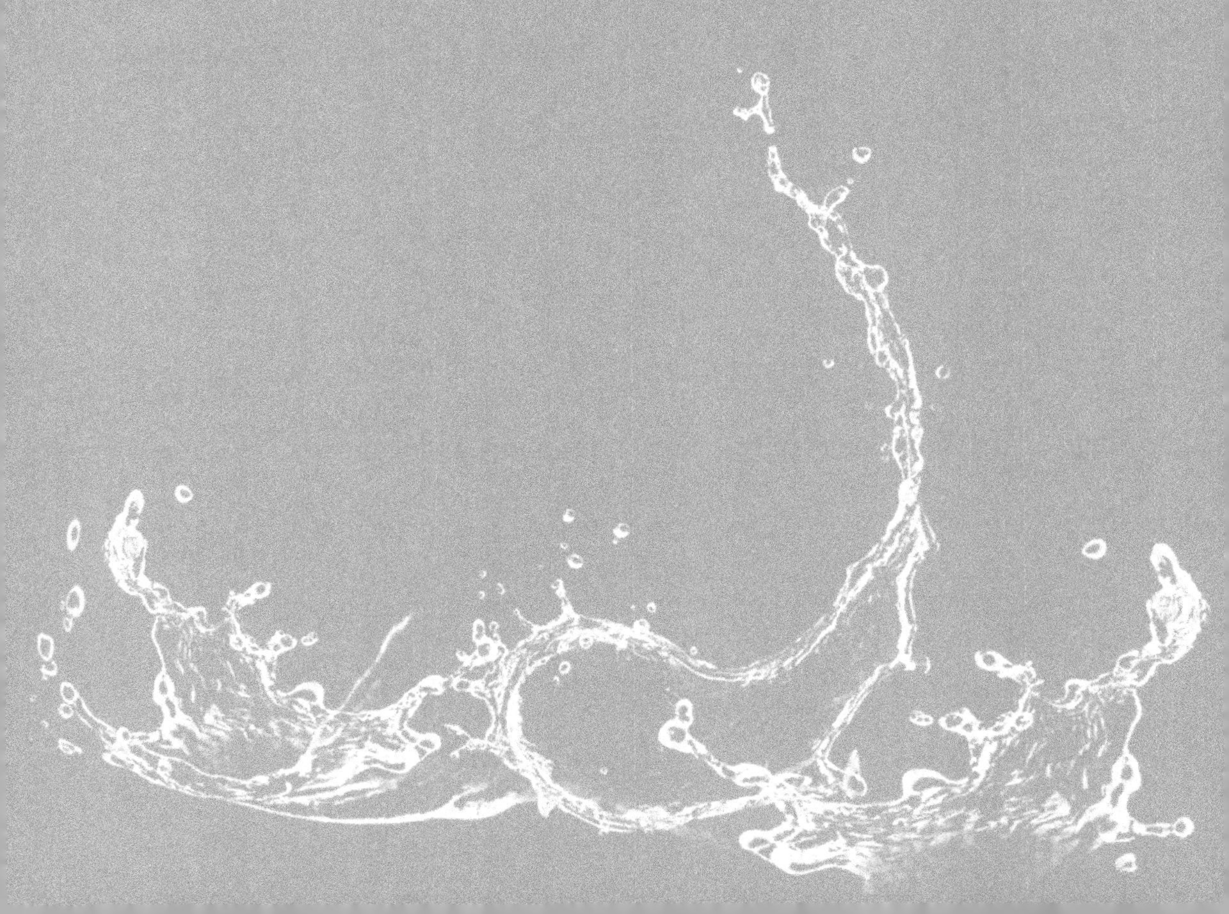

1.1　水文环境

1.1.1　自然环境

1.1.1.1　地理位置

泰安市位于山东省中部，地处北纬 35°38′～36°28′，东经 116°20′～117°59′，北以泰山与济南市为界，南与济宁市相连，西隔黄河与聊城市及河南省濮阳市相望，东与济南市、淄博市、临沂市相邻。东西长约 176.6 km，南北宽约 93.5 km，面积 7 762 km^2，占全省面积的 4.94%。泰城为市政府驻地，位于泰山南麓，北距省会济南 66.8 km，南至孔子故里曲阜 74.6 km。泰安市辖泰山、岱岳 2 个区，宁阳、东平 2 个县，代省管辖新泰、肥城 2 个县级市。泰安市行政区划详见图 1-1。

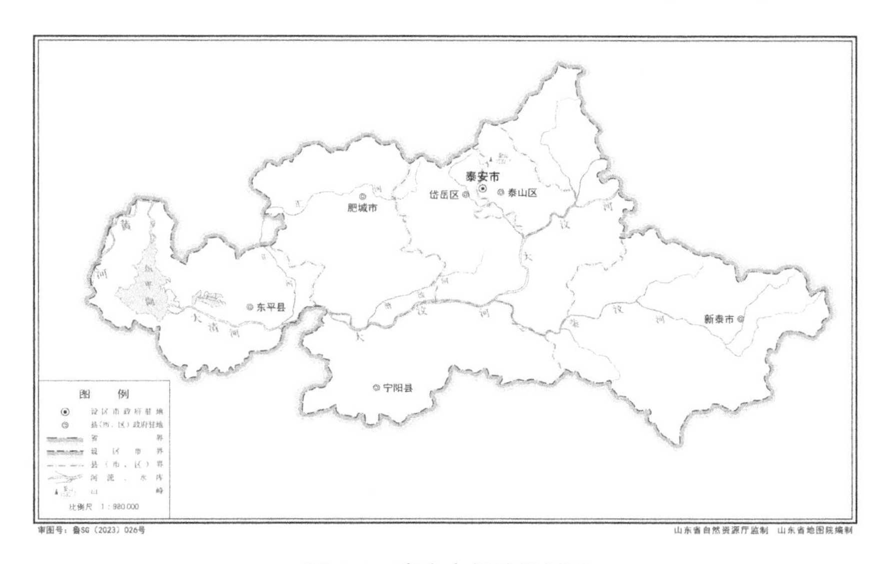

图 1-1　泰安市行政区划图

1.1.1.2　地形地貌

泰安市地形自东北向西南倾斜，东部为鲁中山区的一部分，山脉呈“E”形分

注：① 本书计算数据或因四舍五入原则，存在微小数值偏差。

② 1 亩≈666.7 m^2。

布，向西延伸，河谷平原交错其间，中部为广阔平原，西部多低山丘陵，西南部为平原，间有洼地、湖泊。山区集中分布于市域的北部和东部，占泰安市总面积的18.3%，一般海拔在400～800 m。主要山峰有泰山、徂徕山、新甫山、莲花山、蒙山余脉，最高处为"五岳独尊"的泰山，其主峰玉皇顶海拔1 545 m，相对高度1 400 m。丘陵主要分布在新泰市西南部、宁阳县东部、岱岳区西北部、肥城市盆地边缘及东平县北部，占泰安市总面积的41.4%，一般海拔高度在120～140 m。平原主要分布在山麓及河流沿岸，占泰安市总面积的36.1%，海拔在60～120 m。洼地主要分布在东平县境内的东平湖及稻屯洼，海拔37.5 m。湖泊集中在东平县境内，东平湖为山东省第二大淡水湖。全市地貌类型有：

侵蚀构造中度切割中山。分布于泰山、徂徕山一带，山体由变质岩系组成。海拔高度大于800 m，相对高程大于400 m。最高为泰山，山势险峻，沟谷深峡，基岩裸露。

侵蚀构造剥蚀和溶蚀低山。分布于山体周围，山体多由变质岩系组成。各山脉北侧大多由寒武、奥陶系灰岩及少量中生代砂页岩组成。海拔高度在400～800 m，相对高程为200～400 m。

侵蚀构造剥蚀和溶蚀丘陵。分布于低山周围，其海拔高度为200～400 m，相对高程小于200 m。地形破碎，灰岩地区岩溶发育。分布于东平、肥城、莱芜以南、新汉以南。由古生代碳酸盐类岩石组成。在中部及东部环绕于中低山的周围，主要由太古界的变质岩和不同时期的侵入岩组成。沟谷宽浅，切割强烈，坡度平缓起伏，多辟为耕地。

山间河谷及冲积平原。主要分布在泰莱盆地、新汶盆地、汶口盆地和肥城盆地，其次分布在牟汶河、柴汶河、汶河干流、康汇河两岸，沿河流发育地势平坦，向下游微倾斜，坡降在千分之一左右。汶河河谷平原分布在两级阶地上，一级阶地为堆积阶地，二级阶地多为基座阶地，其上覆有较薄黏质砂土及砂质黏土。

剥蚀堆积山前倾斜平原。主要分布于汶河干流、大清河以南和宁阳西部。地面平坦、微倾，标高在40～80 m。东平湖周围为黄河冲积平原区，是由河流多次泛滥改道、长期冲积而形成的，地面平坦，标高在35～40 m。泰安市地形地貌见图1-2。

1.1.1.3 气候特征

泰安市属华北暖温带半湿润季风性大陆性气候区，四季分明，春季干燥多风，夏季高温多雨，秋季天高气爽，冬季寒冷少有雨雪，具有春旱、夏涝、晚秋又旱的特点。其降水量的年际之间变化也比较明显，丰、枯交替出现。

图 1-2　泰安市地形地貌图

多年年平均气温 12.9℃，有霜期为 159～179 d，初霜期一般在 10 月中旬，终霜期一般在 4 月上旬。年均日照时数 2 582.3 h。根据常年观测显示，东部略低，西部略高，月平均气温 7 月份 26.1～27℃，最低 1 月份 −18～3.4℃，最高气温自东向西为 39.1～42.2℃。风向和风力随季节变化明显，冬季多偏北风，夏季多偏南风，泰安、肥城、宁阳风力最大，风速达 20 m/s。泰安市相对湿度 3 月份最小为 57%，8 月份最大为 80%。

泰安市各代表站多年平均水面蒸发量(E601)一般在 1 000～1 220 mm，东部山丘区小于西部丘陵平原区，蒸发量年际变化小，最大年水面蒸发量为最小年水面蒸发量的 1.5 倍左右。蒸发量年内变化一般较大，多数代表站以 6 月为最大蒸发月份，12 月份蒸发量最小。

1.1.1.4　地质构造

根据地形地貌地层岩性、地质构造及地下水径流条件，各变质岩系中分布着浅层基岩裂隙水。风化裂隙深度 15～40 m，基底面与地面起伏大体相一致，地下水呈带状分布于山坳或谷底等洼地。在构造及地貌条件适宜时，往往形成季节性下降泉，富水性极不均匀，受季节性控制明显，地下水埋藏较浅，随季节变化，年变幅 4～6 m。在地形较平缓的低山沟谷及汇水条件较好、风化带略厚的地层，较为富水。在切割较深、地形变化大、补给条件不好的地层，则水量小。根据成因不同，变质岩裂隙水分为风化裂隙水、构造裂隙水、成岩裂隙水三个含水岩组。

1.1.1.5 土壤植被

泰安市土壤主要有棕壤、褐土、砂姜黑土、潮土、山地草甸型土和风砂土 6 大类。其中，棕壤、褐土为地带性土壤，是辖区内土壤组成的主要类型，占土壤面积的 90%左右。东部为河谷平原，大汶口以下除北部泰肥山丘区以外，绝大部分为平原，堽城坝以下南岸地势向南低下，与光河、泉河平原接壤。在土壤分布方面，山丘区为红土和风化土，平原区为砂土和砂壤土。汶河两岸土壤主要有砂土、砂壤土、轻壤土、中壤土和重壤土等，其中：砂土主要分布在汇河及苗河下游，面积较小，土质松散，黏粒含量少，孔隙度大，透水性好；砂壤土主要分布于沿河两岸的河漫滩上，黏粒含量高于砂土，水的供应充足；轻壤土主要分布于沿河阶地，土层较厚；中壤土主要分布于沿河阶地以外的平原缓岗地，黏粒含量较高，土层厚度不均，透水性较差，但易保水肥；重壤土主要分布于河洼地，由于多年淤积，土质黏重，孔隙度小。

由于历史上开发较早，经过长期以来的人类活动，原始森林已荡然无存；山丘区自然植被较差，基岩裸露，沟壑纵横，水土流失比较严重，自然灾害频繁。中华人民共和国成立后，在党和各级政府领导下，泰安市封山育林，整地改土，大搞农田基本建设，自然植被有了较大改善。山区丘陵植被主要林木有松、柏、栎类、刺槐、果桑等，主要分布于泰山、徂徕山、莲花山、汶河沿岸一带。灌草丛植被多为自然植被，混生于山地、丘陵中下部的林间地带及湖洼沿岸。灌木有酸枣、荆、胡枝子、白蜡条、紫穗槐、连翘、山葡萄等；草丛植被有白茅、橘草、白羊草、黄背草、野古草、狼尾草、艾蒿、野菊、黄花菜等。山地草甸植被多分布于泰山、徂徕山、莲花山等山脉的山顶、山坡、山沟等偏僻地带，呈小片分布，常见的草木类植物有白茅、地榆、蓬子菜、节节草、拳参、野菊、车前子等。平原河谷、道路、村庄四旁多为杨柳、梧桐等阔叶树。水生植被主要分布于东平湖、稻屯洼等低矮洼地、湿地、水面等，常见水生植物有芦苇、蒲草、莲藕、菱角、芡、水浮莲等。

1.1.1.6 河流水系

泰安市分属黄河、淮河两大流域。黄河流域主要以北部大汶河水系为主，在泰安市境内流域面积为 6 563 km^2，占全市总面积的 84.6%。淮河流域在泰安市南部沿蒙山支脉南麓和大汶河、大清河南岸，流域面积为 1 103 km^2。

大汶河水系：大汶河发源于山东省济南市钢城区黄庄镇台子村，迂回西流，途经济南市钢城区、莱芜区，泰安市泰山区、岱岳区、肥城市、宁阳县、东平县，以及济宁市汶上县，在东平县马口村注入东平湖，经陈山口和清河门出湖闸出东平湖，经小清河进入黄河。大汶河是黄河下游最大支流，全长 231 km，总流域面积 8 944 km^2，其中，在泰安市境内长 179.2 km，流域面积 6 563 km^2。大汶河流域水系复杂，支流众多，流域面积大于 50 km^2 以上的支流有 43 条。大汶河汶口坝以上为大汶河上游，是大汶河的主要集水区，分南北两大支流。北支称牟汶河（大汶河主流），支流主要有瀛汶河、石汶河和泮汶河；南支称柴汶河，流域沿途有平阳河、光明河、羊流河、禹村河等河流汇入。汶口坝至戴村坝为大汶河中游，戴村坝以下至东平湖为大汶河下游，中下游主要有漕浊河和汇河汇入。

泗河水系和梁济运河水系：泗河和梁济运河在泰安市南部沿蒙山支脉南麓和大汶河、大清河南岸，东西分布着三片，分辖于新泰市、宁阳县和东平县。泗河水系中流域面积大于 50 km^2 以上的支流有 9 条，经泗河入南四湖；梁济运河水系中流域面积大于 50 km^2 以上的支流有 5 条，经梁济运河流出。

东平湖是山东省第二大淡水湖泊，位于大汶河下游东平县境内黄河过渡性河段与弯曲性河段相接处的右岸，承担分滞黄河洪水和调蓄大汶河洪水的双重任务，是黄河下游重要的分滞洪工程，也是南水北调东线一期工程的重要枢纽。防洪工程包括围坝、二级湖堤和分泄洪闸等。湖区总面积 626 km^2（老湖区 208 km^2，新湖区 418 km^2），分两级运用，总库容 35.95 亿 m^3（老湖运用水位 46.0 m，库容 12.28 亿 m^3；新湖运用水位 45.0 m，库容 23.67 亿 m^3）。泰安市水系图见图 1-3。

1.1.2　社会环境

1.1.2.1　人口与城市

泰安市常住人口稳定增长，全市共有常住人口 547.85 万人（2020 年）。其中，城镇人口为 350.19 万人，占 63.92%；乡村人口为 197.66 万人，占 36.08%。泰安市管辖 2 个区、2 个县和 2 个代省管辖县级市，包括泰山区、岱岳区、宁阳县、东平县、新泰市和肥城市。

2020 年，全市实现地区生产总值 2 766.5 亿元，第一产业增加值为 299.7 亿元，第二产业增加值为 1 080.4 亿元，第三产业增加值为 1 386.4 亿元，三次产业结构调整为 10.8∶39.1∶50.1。实现一般公共预算收入 229.2 亿元，一般公共预算支出 434.8 亿元。

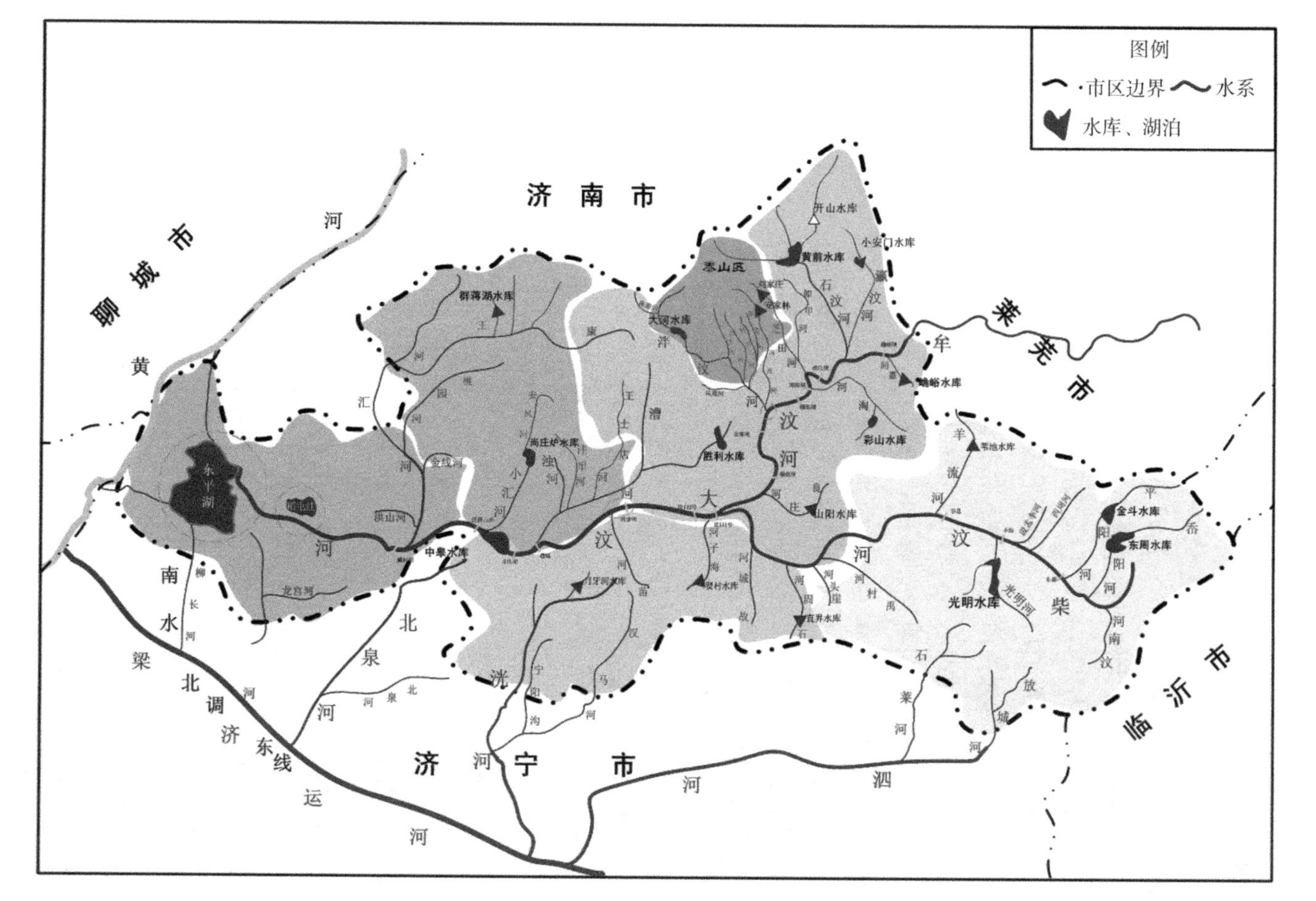
图例
市区边界
水系
水库、湖泊
济南市
聊城市
莱芜市
临沂市
济宁市
泰山区
东平湖
黄前水库
小安门水库
开山水库
大河水库
胜利水库
彩山水库
山阳水库
光明水库
金斗水库
东周水库
尚庄炉水库
群英湖水库
中泉水库
大汶河
石汶河
柴汶河
泗河
洸河
光明河
南水北调东线
梁济运河

图1-3　泰安市水系图

1.1.2.2　水资源

泰安市多年平均降水量为696.1 mm，折合水量54.0亿m^3。根据第三次泰安市地表水资源调查数据，全市1956—2016年多年平均水资源总量为16.02亿m^3，人均当地水资源占有量为292.7 m^3。其中，平水年（$P=50\%$）水资源总量为14.81亿m^3，偏枯年（$P=75\%$）水资源总量为10.39亿m^3，枯水年（$P=95\%$）水资源总量为5.78亿m^3。

1.1.2.3　土地资源

全市有土地77.62万hm^2。其中，农用地58.12万hm^2，建设用地13.35万hm^2，未利用地6.14万hm^2。全市人均占有耕地0.07 hm^2（1.05亩），农民人均占有耕地0.18 hm^2（2.7亩）。全市灌溉面积26.63万hm^2，其中耕地23.75万hm^2、林地1.23万hm^2、果园1.58万hm^2、牧草827 hm^2。主要作物有小麦、玉米、地瓜、花生、棉花等。

1.1.3　水利工程

泰安市现有水库617座，其中大型水库1座、中型水库15座，总库容5.56亿m^3，兴利库容3.59亿m^3。小(1)型水库90座，总库容2.46亿m^3，兴利库容1.45亿m^3；小(2)型水库511座，总库容1.15亿m^3，兴利库容0.66亿m^3。建成各级堤防741 km。塘坝3 507座，水闸(坝)45座，泵站842处，水电站10座，地下水水井22.6万眼。

南水北调东线一期泰安段工程，经邓楼泵站提水入柳长河，再由八里湾泵站提水入东平湖（老湖区），经东平湖输水后，分两路分别向黄河以北和胶东地区供水。一路经穿黄隧洞过黄河向北供水50 m^3/s；一路由东平湖渠首闸取水，经济平干渠输水50 m^3/s，向济南市及其以东的胶东地区供水。

泰安市有效灌溉面积396.62万亩，其中30万亩以上大型灌区2处，主要为堽城坝灌区、田山灌区（肥城段），设计灌溉面积42.15万亩，有效灌溉面积27.3万亩；5万亩以上重点中型灌区13处，设计灌溉面积146.03万亩，有效灌溉面积84.08万亩；1万～5万亩一般中型灌区19处，设计灌溉面积33.01万亩，有效灌溉面积20.45万亩；其他小型农田水利（塘坝、泵站、机井等）有效灌溉面积264.87万亩。

1.2 水文特征

1.2.1 降水

根据1956—2019年水文资料统计，泰安市多年平均年降水量为696.1 mm。偏丰年（$P=20\%$）降水量为835.8 mm，平水年（$P=50\%$）降水量为680.9 mm，偏枯年（$P=75\%$）降水量为571.6 mm，枯水年（$P=95\%$）降水量为436.1 mm。

受海洋水汽输送、地形因素的影响，全市（泰山区除外）降水量有自东向西递减的变化规律，多年平均年降水量由东部山区的800 mm递减到西部平原区的600 mm左右。

1.2.1.1 降水量的地区分布

受地理位置、地形等因素的影响，泰安市年降水量在地区分布上很不均匀。年降水量总的分布趋势是由东北向西南递减，山区多于平原，东部多于西部，如新泰市多年平均年降水量达742.8 mm，而东平县仅为616.8 mm。大部分县区多年平均年降水量在650～750 mm，小于650 mm的县市区仅有肥城市和东平县，大于750 mm的县市区为泰山区。700 mm等值线穿过肥城市东南部、宁阳县西部。

1.2.1.2 降水量的年内分配

泰安市降水年内相差较大、分配不均，具有春旱、夏涝、晚秋又旱的特点，具体表现为：汛期集中、季节分配不均匀和最大最小月悬殊等。汛期仅6—9月降水量为519.3 mm，占全年降水量的76.5%，而汛期又主要集中于7—8月两个月，约占全年降水量的52%，全年最大降水量往往又多集中于几场暴雨之内。

1.2.1.3 降水量的年际变化

由于温带大陆性季风气候的不稳定性和天气系统的多变，泰安市年际之间降水量差别很大，主要表现为最大与最小年降水量的比值（即极值比）较大，年降水量变差 C_v 较大和年际间丰枯变化频繁等特点。如1964年全市平均降水量为1 336.6 mm，而2002年流域平均降水量仅351.6 mm，丰枯比达3.8。极值比最大的为宁阳县，其年降水量最大最小比值达4.20；最小为东平县，其年降水量最大最小比值为3.63。

泰安市降水还具有丰枯年份交替出现、周期变化和持续时间较长的规律，如:1961—1964年的丰水期，年平均降水量为925.9 mm，比多年平均多33%；1986—1989年的枯水期，年平均降水量为503.9 mm，比多年平均少27.6%。由于降水量的时空变化较大，因此辖区内水旱灾害时常发生。

1.2.2　蒸发

1.2.2.1　水面蒸发

水面蒸发量是反映当地蒸发能力的指标，受当地气压、气温、湿度、风速、地形等因素影响。根据泰安市多年平均年水面蒸发量分布图，泰安市多年平均水面蒸发量一般在740～980 mm。

1.2.2.2　年内分配

泰安市水面蒸发量的年内分配主要受季节变化和温湿条件的影响，全市各地水面蒸发量以4—8月这五个月中为最大，以1月、12月为最小，最大月蒸发量出现在6月份。

1.2.2.3　干旱指数

干旱指数是反映气候干湿程度的指标，用年水面蒸发量与年降水量的比值表示。当干旱指数小于1.0时，降水量大于蒸发能力，表明该地区气候湿润；反之，当干旱指数大于1.0时，蒸发能力超过降水量，表明该地区偏于干旱。干旱指数愈大，干旱程度愈严重。泰安市各地多年平均年干旱指数一般在1.0到1.4之间，总体趋势是由东北部向西南部递增。根据泰安市气候干湿分带与干旱指数关系可知，泰安市属于半湿润气候区。

1.2.3　径流

泰安市多年平均径流深129.5 mm，年径流深地区分布很不均，总的分布趋势是从东向西递减，多年平均年径流深等值线走向多呈南北走向。从空间上看阈值范围在50～250 mm，肥城市、东平县大部地区多年平均径流深小于60 mm，宁阳县、岱岳区多年平均径流深介于80 mm到160 mm之间，泰山区、新泰市多年平均径流深在220 mm以上。其特点为：

一是年内分配集中。由于泰安市降水量的年内分配的特点表现为汛期集中、季节分配不均匀和最大最小月悬殊等，所以地表径流也多集中在汛期。汛期洪水暴涨暴落，突如其来的特大洪水不仅无法被充分利用，还会造成严重的洪涝灾害；枯季河川径流量很少，导致河道经常断流，水资源供需矛盾突出。泰安市多年平均 6—9 月份天然径流量占全年的 75%左右，而枯季仅占全年径流量的 25%左右。河川径流年内分配高度集中的特点，给水资源的开发利用带来了一定困难。

二是径流年际变化。温带大陆性季风气候的不稳定性和天气系统的多变，造成年际之间降水量差别很大，从而导致年径流量差别很大，主要表现为最大与最小年径流量的比值（即极值比）较大。

1.2.4 暴雨洪水

1.2.4.1 暴雨特性

流域降雨一般为气旋雨、锋面雨和局部雷阵雨，常出现历时短、强度大、空间分布不均匀的暴雨。降雨量主要集中在汛期即 6—9 月份，约占年降雨量的 75%，其中 7—8 月占汛期降雨量的 70%，以 7 月份出现的机会较多，8 月份次之。

1.2.4.2 洪水特性

大汶河流域石山区占 66.2%，平原区占 33.8%，产汇流条件均较好，洪水特点是洪峰形状尖瘦，含沙量很小。一次洪水历时 2～4 天。历史实测最大洪峰为戴村坝站的 6 930 m^3/s（1964 年），调查最大洪峰为临汶站的 7 400 m^3/s（1918 年）。大汶河洪水威胁汶河下游防汛的安全，当与黄河中游洪水遭遇时，会影响东平湖对黄河洪水的滞洪，从而影响防洪安全。

1.2.5 出入市境水量

泰安市出入境水量监测站 13 处，负责监测东平县的小清河、汇河及宁阳县的洸府河等出境河流和济南市莱芜区的牟汶河、瀛汶河等入境河流。根据 2011—2022 年区域用水总量监测报告统计资料，多年平均入市境水量 4.41 亿 m^3，出市境水量 10.72 亿 m^3。

第二章

水文站网发展历程

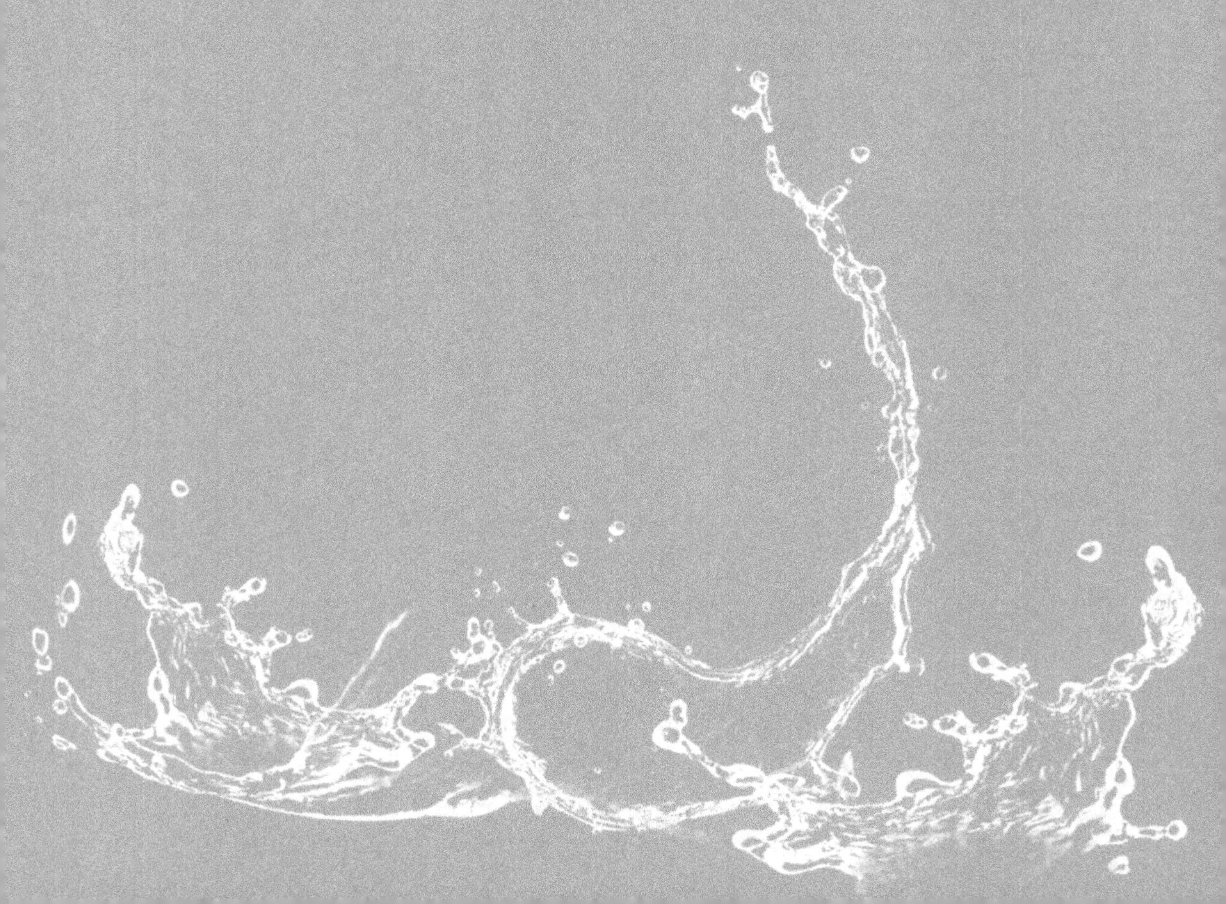

水文测站是为经常收集水文信息，在河流、渠道、湖泊、水库或流域内设立的各种水文观测场所的总称，是收集、提供水文资料信息的基层测报单位；水文站网是在一定地区或流域内，按一定原则、用一定数量的各类水文测站构成的水文资料收集系统。收集某一项水文资料的水文测站组合在一起构成该项的站网，由基本站组成的水文站网，称为基本水文站网。水文站网的规划建设，是水文工作积累资料、掌握信息、研究水文规律的战略布局。应用水文站网的整体功能，能内插和推求网内任何地点和一定时期内的各项水文特征值，可全面地掌握水文信息，以满足国民经济建设各方面的需要。

泰安水文站网同全省水文一样经过了从无到有、从小到大，逐步发展起来的历程。中华人民共和国成立之前，1886 年清政府置东海关（洋关）后，在今长岛县猴矶岛、烟台市葡萄山、荣成市成山头、镆铘岛的灯塔附设测候所，观测雨量。1911 年辛亥革命后，开始大量设站进行水文观测，1912 年在山东泰安设立黄河流域第一个雨量观测站，1929 年设立新泰雨量站，1931 年设立肥城雨量站。1915 年民国督办运河工程总局成立后，当年即在黄河支流大汶河（东平县境内大清河）设南城子水文站开展水位、流量测验工作。它是山东省第一个水文站，它的设立是黄河流域以近代科学方法进行水文观测的开端[1]。抗日战争爆发后，因战乱水文站和雨量站先后停止观测，资料中断，虽经部分恢复，但资料残缺不全，精度很差[2]。1945 年抗日战争胜利后，当时的国民政府成立了山东省水利局水文总站，接管了少数水文站和雨量站。这个时期的水文站功能较为单一，主要是为了满足防洪除涝、河道治理的需要，没有形成水文站网。新中国成立以后，1955 年由水利部统一部署，山东省进行了第一次水文站网规划工作，到 1958 年初步建成基本水文站网。之后，1965 年、1974 年、1983 年分别在水利电力部水文局的统一部署下，进行了基本水文站网的分析验证和规划调整工作，水文站网逐步充实完善。

随着国民经济建设和社会发展的需要，水文的作用和地位越来越突出，水文职能和服务领域不断拓展。1993 年以来，山东省水利厅先后批准成立了水环境监测中心、地下水监测中心，增加了水土保持监测职能。自“十五”计划开始，国家进一步加大了对水文等基础性公益事业发展的关注与投资，在中央与地方的共同扶植下，基层水文事业得到了长足的发展。2010 年出台的《山东省用水总量控制管理办法》，以省政府令的形式明确了水文机构负责区域水资源的监测工作。经过多次对水文监测站网的调整，山东省已建成了种类基本齐全、地区分布基本合理的水文观测站网体系。尤其是 2011 年中央一号文件和山东省委一号文件，明确提出了实行最严格的水资源管理制度，加强监测预警能力建设，提高雨情、汛情、旱情预报水平的要求。“十二五”至“十三五”期间，泰安市先后通过水利工程带水文设施工程、2011—2014年山东省中小河流水文监测系统建设项目、2017—2018年山东省大江大河水文监测系统建设工程、2019年山东省水文设施建设工程等项目，建设了一大批水文监测设施，包括新建改建水文站、水位站、雨量站、市水情中心改造以及雨水情和洪水预报系统的开发建设等内容。2018年，泰安市先后成立4处县级水文中心，通过水文站网为水利工程规划、设计、工程管理、调度、水资源开发利用、管理保护等方面提供了大量准确可靠的水文数据，为抗旱、防汛、除涝斗争及时提供水文信息，有效地发挥了尖兵和耳目作用。泰安水文、水位、降水、蒸发站网变动情况如图2-1所示。

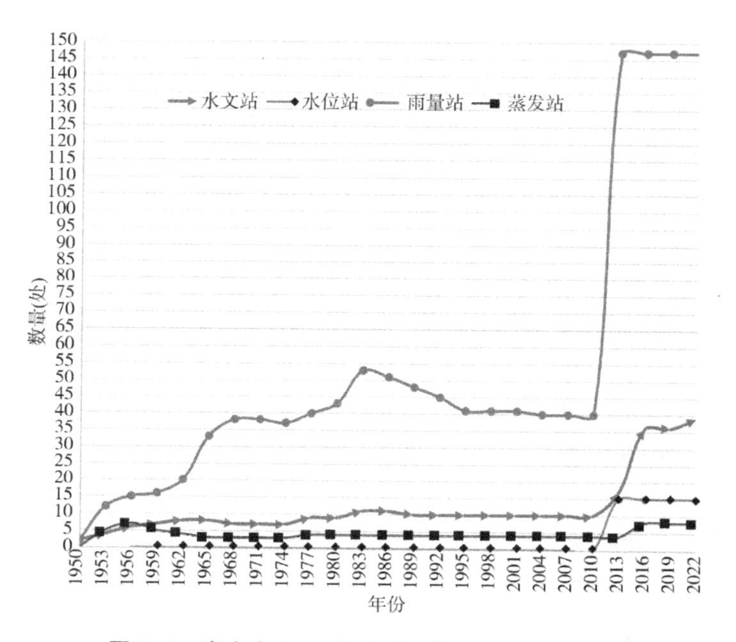

图2-1　泰安水文、水位、雨量、蒸发站网变动情况

截至目前，全市共设立各类水文测站412处。其中，国家基本水文站10处、专用水文站29处、辅助站13处、水位站15处、雨量站147处、水质监测站35处、墒情站19处（含水文站测验项目）、地下水井139眼、水土保持监测站5处。全市承担报汛任务的水文测站179处。分别由4处县级水文中心负责辖区内的水文工作，水文站流量测验方式已由全年驻站监测变为枯季巡测、汛期驻测、洪水期驻测和巡驻相结合的新模式，在提高工作效率的同时也大大提升了水文测验的灵活性和应急反应能力。

本次站网评价范围仅限于地表水站网，水文站、水位站、雨量站均为水文部门管理的独立的测站，包含在水文站中的水位、雨量、墒情项目不予统计。泰安市地表水站网基本信息见表 2-1、表 2-2、表 2-3。

表 2-1　泰安市水文站网基本信息表

序号	测站名称	测站编码	流域	水系	河流	设站年份	所在地
1	戴村坝	41501600	黄河	大汶河	大汶河	1935 年	泰安市东平县
2	北望	41500300	黄河	大汶河	大汶河	1952 年	泰安市岱岳区
3	大汶口	41500690	黄河	大汶河	大汶河	1954 年	泰安市岱岳区
4	谷里	41503100	黄河	大汶河	柴汶河	1958 年	新泰市
5	黄前水库	41502800	黄河	大汶河	石汶河	1962 年	泰安市岱岳区
6	金斗水库	41503300	黄河	大汶河	平阳河	1962 年	新泰市
7	光明水库	41503400	黄河	大汶河	光明河	1962 年	新泰市
8	大汶口南灌渠	41500501	黄河	大汶河	引汶渠	1970 年	泰安市宁阳县
9	大汶口北灌渠	41500601	黄河	大汶河	引汶渠	1970 年	泰安市岱岳区
10	东周水库	41503000	黄河	大汶河	柴汶河	1977 年	新泰市
11	白楼	41504000	黄河	大汶河	汇河	1977 年	肥城市
12	泰安	41500201	黄河	大汶河	胜利渠	1978 年	泰安市泰山区
13	颜谢	41500401	黄河	大汶河	引汶渠	1979 年	泰安市岱岳区
14	砖舍	41500801	黄河	大汶河	引汶渠	1979 年	肥城市
15	堽城坝	41500901	黄河	大汶河	引汶渠	1979 年	泰安市宁阳县
16	琵琶山	41501001	黄河	大汶河	引汶渠	1979 年	济宁市汶上县
17	松山	41501101	黄河	大汶河	引汶渠	1979 年	济宁市汶上县
18	南城子	41501301	黄河	大汶河	引汶渠	1979 年	泰安市东平县
19	龙门口水库	41503900	黄河	大汶河	汇河	1981 年	泰安市岱岳区
20	龙池庙水库	41502900	黄河	大汶河	柴汶河	1981 年	新泰市
21	下港	41521300	黄河	大汶河	石汶河	1981 年	泰安市岱岳区
22	瑞谷庄	41503500	黄河	大汶河	羊流河	1982 年	新泰市
23	楼德	41503200	黄河	大汶河	柴汶河	1987 年	新泰市
24	松山(东)	41501091	黄河	大汶河	引汶渠	1988 年	济宁市汶上县
25	角峪	415Q0210	黄河	大汶河	大汶河	2011 年	泰安市岱岳区
26	彩山水库	41503550	黄河	大汶河	淘河	2011 年	泰安市岱岳区
27	小安门水库	41500198	黄河	大汶河	公家汶河	2011 年	泰安市岱岳区
28	角峪水库	41500288	黄河	大汶河	牧汶河	2011 年	泰安市岱岳区

续表

序号	测站名称	测站编码	流域	水系	河流	设站年份	所在地
29	贤村水库	41500750	黄河	大汶河	海子河	2011 年	泰安市宁阳县
30	山阳水库	41503088	黄河	大汶河	良庄河	2011 年	泰安市岱岳区
31	苇池水库	41503450	黄河	大汶河	羊流河	2011 年	新泰市
32	胜利水库	41500350	黄河	大汶河	漕浊河	2016 年	泰安市岱岳区
33	大河	41500488	黄河	大汶河	泮汶河	2016 年	泰安市岱岳区
34	直界	41500888	黄河	大汶河	石固河	2016 年	泰安市宁阳县
35	尚庄炉	41500988	黄河	大汶河	小汇河	2016 年	肥城市
36	翟家岭	41502710	黄河	大汶河	石汶河	2016 年	泰安市岱岳区
37	邱家店	41502850	黄河	大汶河	芝田河	2016 年	泰安市泰山区
38	邢家寨	41502930	黄河	大汶河	泮汶河	2016 年	泰安市泰山区
39	祝福庄	41503250	黄河	大汶河	柴汶河	2016 年	新泰市
40	石河庄	41503455	黄河	大汶河	羊流河	2016 年	新泰市
41	杨庄	41503555	黄河	大汶河	赵庄河	2016 年	新泰市
42	郑家庄	41503590	黄河	大汶河	海子河	2016 年	泰安市宁阳县
43	马庄	41503615	黄河	大汶河	漕浊河	2016 年	泰安市岱岳区
44	东王庄	41503620	黄河	大汶河	漕浊河	2016 年	肥城市
45	石坞	41503925	黄河	大汶河	汇河	2016 年	肥城市
46	席桥	41504060	黄河	大汶河	汇河	2016 年	泰安市东平县
47	太平屯	41504120	黄河	大汶河	东金线河	2016 年	泰安市东平县
48	吴桃园	51200050	淮河	梁济运河	湖东排水河	2016 年	泰安市东平县
49	宁阳	51206750	淮河	南四湖	洸府河	2016 年	泰安市宁阳县
50	月牙河水库	51206713	淮河	南四湖	洸府河	2020 年	泰安市宁阳县
51	田村水库	41522911	黄河	大汶河	禹村河	2020 年	新泰市
52	白云寺	41502835	黄河	大汶河	石汶河	2022 年	泰安市岱岳区

注：角峪站 2019 年后停测，为区域水量监测断面。

表 2-2　泰安市水位站网基本信息表

序号	测站名称	测站编码	流域	水系	河流	设站年份	所在市县区
1	角峪桥	41500250	黄河	大汶河	大汶河	2012 年	泰安市岱岳区
2	瀛汶河引水闸	41502630	黄河	大汶河	瀛汶河	2012 年	泰安市岱岳区
3	石汶河引水闸	41502830	黄河	大汶河	石汶河	2012 年	泰安市岱岳区

续表

序号	测站名称	测站编码	流域	水系	河流	设站年份	所在市县区
4	刘家庄	41502840	黄河	大汶河	芝田河	2012 年	泰安市泰山区
5	奈河	41502955	黄河	大汶河	奈河	2012 年	泰安市泰山区
6	梳洗河	41502960	黄河	大汶河	梳洗河	2012 年	泰安市泰山区
7	碧霞湖	41502985	黄河	大汶河	明堂河	2012 年	泰安市泰山区
8	龙廷	41502990	黄河	大汶河	柴汶河	2012 年	新泰市
9	张庄	41503055	黄河	大汶河	柴汶河	2012 年	新泰市
10	小协拦河坝	41503060	黄河	大汶河	柴汶河	2012 年	新泰市
11	北师	41503260	黄河	大汶河	柴汶河	2012 年	新泰市
12	果园	41503335	黄河	大汶河	平阳河	2012 年	新泰市
13	岳家庄	41503380	黄河	大汶河	光明河	2012 年	新泰市
14	康汇桥	41503930	黄河	大汶河	汇河	2012 年	肥城市
15	洸河桥	51206740	淮河	南四湖	洸府河	2012 年	泰安市宁阳县

表 2-3　泰安市雨量站网基本信息表

序号	测站名称	水系	河流	设站年份	所在市县区
1	泰安	大汶河	泮汶河	1912 年	泰安市泰山区
2	泰前	大汶河	泮汶河	1958 年	泰安市泰山区
3	大津口	大汶河	麻塔河	2012 年	泰安市泰山区
4	栗杭水库	大汶河	麻塔河	2012 年	泰安市泰山区
5	经石峪	大汶河	双龙河	2012 年	泰安市泰山区
6	泰前街道办	大汶河	泮汶河	2012 年	泰安市泰山区
7	樱桃园	大汶河	泮汶河	2012 年	泰安市泰山区
8	泰汶路桥	大汶河	泮汶河	2012 年	泰安市泰山区
9	徐家楼	大汶河	泮汶河	2012 年	泰安市泰山区
10	上高	大汶河	双龙河	2012 年	泰安市泰山区
11	省庄	大汶河	明堂河	2012 年	泰安市泰山区
12	小牛山口水库	大汶河	麻塔河	2012 年	泰安市泰山区
13	药乡水库	大汶河	麻塔河	2012 年	泰安市泰山区
14	徂徕	大汶河	大汶河	1978 年	泰安市岱岳区
15	勤村	大汶河	石汶河	1981 年	泰安市岱岳区

续表

序号	测站名称	水系	河流	设站年份	所在市县区
16	彭家峪	大汶河	石汶河	1964 年	泰安市岱岳区
17	范家镇	大汶河	大汶河	1952 年	泰安市岱岳区
18	夏张	大汶河	漕浊河	1955 年	泰安市岱岳区
19	道朗	大汶河	汇河	1955 年	泰安市岱岳区
20	纸坊	大汶河	石汶河	1963 年	泰安市岱岳区
21	杨家庄	大汶河	公家汶河	2011 年	泰安市岱岳区
22	八亩地	大汶河	公家汶河	2011 年	泰安市岱岳区
23	辛庄	大汶河	公家汶河	2011 年	泰安市岱岳区
24	西南峪	大汶河	牧汶河	2011 年	泰安市岱岳区
25	黄泊峪	大汶河	淘河	2011 年	泰安市岱岳区
26	王家庄	大汶河	淘河	2011 年	泰安市岱岳区
27	黄崖口	大汶河	良庄河	2011 年	泰安市岱岳区
28	高胡庄	大汶河	良庄河	2011 年	泰安市岱岳区
29	徂徕水库	大汶河	大汶河	2012 年	泰安市岱岳区
30	周王庄	大汶河	芝田河	2012 年	泰安市岱岳区
31	赵峪水库	大汶河	石汶河	2012 年	泰安市岱岳区
32	黄巢观	大汶河	公家汶河	2012 年	泰安市岱岳区
33	陈家峪水库	大汶河	石汶河	2012 年	泰安市岱岳区
34	松罗峪水库	大汶河	石汶河	2012 年	泰安市岱岳区
35	大岭沟水库	大汶河	石汶河	2012 年	泰安市岱岳区
36	石屋志	大汶河	石汶河	2012 年	泰安市岱岳区
37	西麻塔	大汶河	石汶河	1963 年	泰安市岱岳区
38	李子峪水库	大汶河	李子峪河	2012 年	泰安市岱岳区
39	黄前镇政府	大汶河	石汶河	2012 年	泰安市岱岳区
40	水峪水库	大汶河	淘河	2012 年	泰安市岱岳区
41	珂珞山水库	大汶河	新庄河	2012 年	泰安市岱岳区
42	小寺水库	大汶河	大汶河	2012 年	泰安市岱岳区
43	黄石崖水库	大汶河	良庄河	2012 年	泰安市岱岳区
44	响水河水库	大汶河	漕浊河	2012 年	泰安市岱岳区
45	郭家小庄	大汶河	浊河	2012 年	泰安市岱岳区

续表

序号	测站名称	水系	河流	设站年份	所在市县区
46	鸡鸣返水库	大汶河	漕浊河	2012 年	泰安市岱岳区
47	南白楼水库	大汶河	浊河	2012 年	泰安市岱岳区
48	房庄水库	大汶河	汇河	2012 年	泰安市岱岳区
49	汶南	大汶河	柴汶河	1971 年	新泰市
50	放城	泗河	洙河	1974 年	新泰市
51	古石官庄	大汶河	柴汶河	1978 年	新泰市
52	翟镇	大汶河	柴汶河	1966 年	新泰市
53	盘车沟	沂河	东汶河	1951 年	新泰市
54	羊流店	大汶河	羊流河	1952 年	新泰市
55	关山头	大汶河	光明河	1964 年	新泰市
56	岔河	大汶河	光明河	1964 年	新泰市
57	石莱	泗河	黄沟河	1961 年	新泰市
58	天宝	大汶河	柴汶河	1965 年	新泰市
59	龙廷	大汶河	柴汶河	1965 年	新泰市
60	北马庄	大汶河	平阳河	2011 年	新泰市
61	赵家庄	大汶河	光明河	2011 年	新泰市
62	马头庄	大汶河	光明河	2011 年	新泰市
63	北单家庄	大汶河	羊流河	2011 年	新泰市
64	大雌山	大汶河	羊流河	2011 年	新泰市
65	保安庄	大汶河	柴汶河	1982 年	沂源县
66	小柳杭	大汶河	羊流河	1982 年	新泰市
67	岙山东水库	大汶河	柴汶河	2012 年	新泰市
68	李家楼	大汶河	淞河	2012 年	新泰市
69	东鲁庄	大汶河	柴汶河	2012 年	新泰市
70	韩家庄	大汶河	柴汶河	2012 年	新泰市
71	东都镇	大汶河	柴汶河	2012 年	新泰市
72	旋崮河水库	大汶河	柴汶河	2012 年	新泰市
73	西峪	大汶河	柴汶河	2012 年	新泰市
74	前孤山	大汶河	柴汶河	2012 年	新泰市
75	西周水库	大汶河	西周河	2012 年	新泰市

续表

序号	测站名称	水系	河流	设站年份	所在市县区
76	新泰市水利局	大汶河	柴汶河	2012年	新泰市
77	西周	大汶河	西周河	2012年	新泰市
78	新汶镇	大汶河	柴汶河	2012年	新泰市
79	下演马水库	大汶河	柴汶河	2012年	新泰市
80	万家村	大汶河	羊流河	2012年	新泰市
81	泉沟镇	大汶河	段孟李河	2012年	新泰市
82	上河	大汶河	迈莱河	2012年	新泰市
83	西张庄镇	大汶河	段孟李河	2012年	新泰市
84	谷里镇	大汶河	柴汶河	2012年	新泰市
85	果都镇	大汶河	柴汶河	2012年	新泰市
86	北王村	大汶河	羊流河	2012年	新泰市
87	高南村	大汶河	柴汶河	2012年	新泰市
88	宫里镇	大汶河	柴汶河	2012年	新泰市
89	西峪水库	大汶河	柴汶河	2012年	新泰市
90	西朴里村	大汶河	柴汶河	2012年	新泰市
91	红花峪水库	大汶河	西周河	2012年	新泰市
92	禹村镇	大汶河	禹村河	2012年	新泰市
93	上峪水库	泗河	泗河	2012年	新泰市
94	南孙家泉	大汶河	禹村河	2022年	新泰市
95	肥城	大汶河	汇河	1931年	肥城市
96	安临站	大汶河	小汇河	1963年	肥城市
97	石横	大汶河	汇河	1964年	肥城市
98	安驾庄	大汶河	小汇河	1965年	肥城市
99	安乐村	大汶河	汇河	1966年	肥城市
100	马尾山	大汶河	汇河	1966年	肥城市
101	石坞	大汶河	汇河	1976年	肥城市
102	大尚	大汶河	漕浊河	2012年	肥城市
103	河西	大汶河	漕浊河	2012年	肥城市
104	董南阳	大汶河	小汇河	2012年	肥城市
105	孙伯	大汶河	大汶河	2012年	肥城市

续表

序号	测站名称	水系	河流	设站年份	所在市县区
106	罗汉村	大汶河	东金线河	2012年	肥城市
107	南栾	大汶河	大汶河	2012年	肥城市
108	潮泉	大汶河	汇河	2012年	肥城市
109	栲山水库	大汶河	龙王河	2012年	肥城市
110	牛山	大汶河	汇河	2012年	肥城市
111	涧北	大汶河	汇河	2012年	肥城市
112	对福山	大汶河	汇河	2012年	肥城市
113	桃园	大汶河	东金线河	2012年	肥城市
114	王庄镇	大汶河	东金线河	2012年	肥城市
115	老城	大汶河	汇河	2012年	肥城市
116	鹤山	大汶河	小汶河	2012年	泰安市宁阳县
117	宁阳	南四湖	洸府河	1952年	泰安市宁阳县
118	葛石	南四湖	洸府河	1964年	泰安市宁阳县
119	南驿	大汶河	海子河	1965年	泰安市宁阳县
120	西戴村	南四湖	洸府河	1966年	泰安市宁阳县
121	乡饮	南四湖	洸府河	1966年	泰安市宁阳县
122	朝东庄	大汶河	海子河	2011年	泰安市宁阳县
123	堽城	南四湖	洸府河	2012年	泰安市宁阳县
124	伏山	南四湖	赵王河	2012年	泰安市宁阳县
125	宁阳建行	南四湖	洸府河	2012年	泰安市宁阳县
126	宁阳联通	南四湖	洸府河	2012年	泰安市宁阳县
127	文庙	南四湖	洸府河	2012年	泰安市宁阳县
128	东疏	南四湖	赵王河	2012年	泰安市宁阳县
129	西贤村	大汶河	海子河	2012年	泰安市宁阳县
130	华丰	大汶河	故城河	2012年	泰安市宁阳县
131	蒋集	大汶河	苗河	2012年	泰安市宁阳县
132	一担土	大汶河	白吉河	2012年	泰安市东平县
133	井仓	大汶河	白吉河	2012年	泰安市东平县
134	宿城	大汶河	白吉河	2012年	泰安市东平县
135	梯门	大汶河	跃进河	2012年	泰安市东平县

续表

序号	测站名称	水系	河流	设站年份	所在市县区
136	旧县	大汶河	大汶河	2012 年	泰安市东平县
137	斑鸠店镇	大汶河	大汶河	2012 年	泰安市东平县
138	小商庄	大汶河	大汶河	2012 年	泰安市东平县
139	州城	梁济运河	湖东排水河	2012 年	泰安市东平县
140	新湖	梁济运河	湖东排水河	2012 年	泰安市东平县
141	前河涯	梁济运河	湖东排水河	2012 年	泰安市东平县
142	沙河	梁济运河	湖东排水河	2012 年	泰安市东平县
143	彭集	梁济运河	湖东排水河	2012 年	泰安市东平县
144	银山	黄河	黄河	1963 年	泰安市东平县
145	二十里铺	大汶河	大汶河	1964 年	泰安市东平县
146	大羊集	大汶河	汇河	1953 年	泰安市东平县
147	杨郭	大汶河	汇河	1953 年	泰安市东平县

2.1 新中国早期的水文站网建设

新中国成立后，山东省水利局内设水文股，从民国政府接收和恢复 40 余处水文站点，为满足防汛抗旱、兴修水利工程和国民经济建设的迫切需要，不断恢复和增设水文站和雨量站。当时水文学科在全国刚起步，这一时期的水文站网建设虽然得到迅速发展，但没有整体规划，主要根据河道防洪需要，设立了一些大河中下游水文站。1955 年由水利部统一部署，山东省进行了第一次水文站网规划工作，研究区域水文规律和解决无资料地区水文特征值的计算问题。至 1958 年底，在泰安地区已建成南城子、戴村坝、北望、临汶、谷里、东浊头、杨郭、姚庄 8 处流量站以及 20 处雨量站，初步建成了完整的基本水文站网。1956 年开始对大汶河开展了洪水预报。

随着大规模水利建设高潮的掀起，1959 年后泰安地区兴建了一批水库、闸坝工程。为满足工程管理运用的需要，先后新建了光明水库、金斗水库、黄前水库 3 处水文站，开展工程水文测验、报汛和预报工作。这一时期站网概念已经比较明显，但功能仍然比较单一和简单，由于站网发展过快，测站管理体制逐级下放，再加上三年经济困难等原因，基本测站的建设被削弱。1962 年后，山东先后将测站上收省和水电部直接管理，根据水电部“调整巩固站网，加强测站管理，提高测报质量”的水文工作方针，合理调整了站网，测报质量很快得到恢复和提高。

这一阶段泰安撤销了部分站点:1959 年南城子流量站因下游河道封堤而停止测验,1962 年撤销了姚庄流量站、东浊头流量站。1966 年“文革”开始后,水文测报工作受到一定程度的干扰和破坏,但全市水文职工在十分困难的情况下,仍然坚守岗位进行测报,使大多数测站的资料未致中断。

1949—1969 年这二十年间,泰安地区除恢复了 1 处水文站、1 处流量站、3 处雨量站外,还先后新建了 9 处水文站、撤销了 4 处河道水文站;新建了 38 处雨量站、撤销了 4 处雨量站。20 世纪 50 年代蒸发观测项目开展较多但极不稳定,不含水文站中蒸发观测项目,仅设立的蒸发站先后就达 7 处之多,但现存资料仅有 1～4 年,随着站网的逐步稳定,只有水文站在开展蒸发观测。新中国早期泰安水文站网情况见图 2-2。

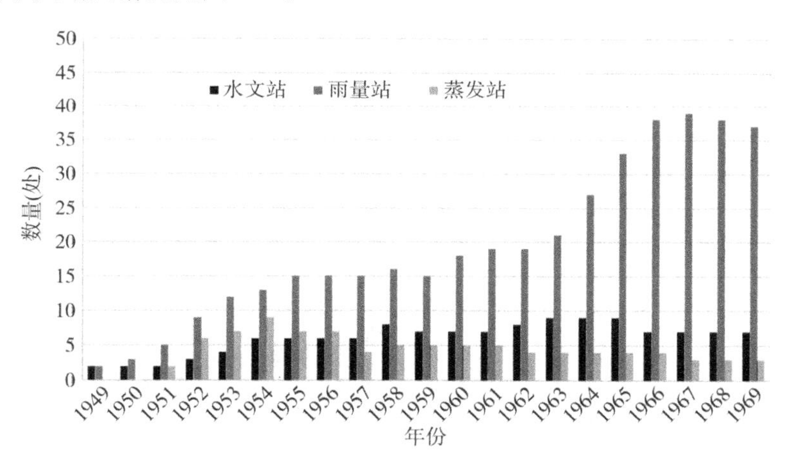

图 2-2　新中国早期泰安水文站网情况

2.2　20 世纪 70—80 年代水文站网建设

从 20 世纪 70 年代开始,泰安注意地下水的开发利用,增加了地下水动态观测。为进一步算清水账作为基本水文站的补充,沿大汶河引汶干渠先后增设了渠首辅助观测站进行流量监测。1972 年 7—9 月,还在大汶口拦河坝同时观测坝上水位及流量监测项目,在干流河道上开展水位、流速、流量等主要水文要素的动态变化研究。为增加区域代表性,1977 年新设白楼水文站、东周水库水文站及其配套雨量站。

进入 20 世纪 80 年代,由于国民经济的发展和水利建设新形势下对水文工作的要求,泰安水文进入了一个新的发展时期:逐步恢复、建立、健全了规章制度，加强了测站建设并推行目标管理；充实培训水文技术人员，开始对现有水文站网进行调查和鉴定，逐个核实每个测站是否能达到设站目的并发挥应有作用。该时期新设立了下港、瑞谷庄2处小流域水文站及其配套雨量站（其中1953年设立的下港雨量站，并入下港水文站作为其观测项目）；撤销了金斗水库水文站，调整为专用报汛；谷里水文站撤迁至楼德断面，继续开展水文监测（其中1952年设立的楼德雨量站，作为楼德水文站的观测项目并入）；撤销了新泰雨量站。同时，按照水利部的统一部署，先后两次对省级地下水监测井网进行了优化调整，并开展了全区性的水资源调查评价工作。

1970—1989年这20年间，泰安地区通过充实站网，新建了小河站、区域代表站及其配套雨量站，补充了辅助站、调整优化部分站点，为系统收集水文资料、研究水文规律和提供抗旱防汛工程管理服务。到20世纪80年代末期共有10处水文站、48处雨量站、12处辅助站，泥沙项目观测4处、墒情站9处（其中7处含在水文站中）等。20世纪70—80年代水文站网情况见图2-3。

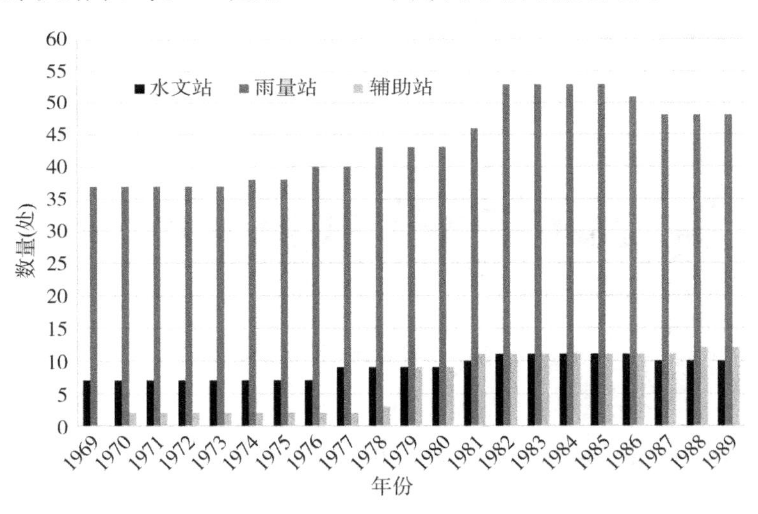

图2-3　20世纪70—80年代泰安水文站网情况

2.3　20世纪90年代至今水文站网建设

进入20世纪90年代后，泰安市水文站网基本处于比较稳定的状态，但由于经费投入等原因，对站网进行了必要的精减或项目停测，对部分站点及监测项目进行微调。1992年、1997年、2002年，先后停止了瑞谷庄、白楼、下港3处水文站的测验和报汛工作。2017年6月白楼水文站恢复观测，2022年6月下港、瑞谷庄2处水文站恢复观测。

2008年，按照规定由水文部门承担了水土保持监测职能，泰安共设水土保持监测站3处。2010年，山东省政府颁布了《山东省用水总量控制管理办法》，明确规定“省水文水资源勘测机构负责地表水、地下水和区域外调入水开发利用量以及水功能区水质的监测工作。监测数据应当作为确定区域年度用水控制指标的主要依据”。于是泰安水文开始开展以县级行政区域为单元的区域年度用水总量及水功能区监测，新增了一批典型监测站和行政区界监测断面。水文为支持地方经济发展，按照政策要求拓宽了服务领域、增加了服务内容。

“十二五”和“十三五”期间，通过大中型病险水库加固工程、河道治理工程等工程带水文建设项目，泰安新建水库水文站7处、改造河道水文站3处；通过中小河流水文监测系统工程建设项目，新建水文站18处、新建水位站15处、新建改建雨量站124处、新建中心水文站6处；通过大江大河水文监测系统工程建设项目改造水文站2处；通过骨干河流及重要水文设施工程、大中型水库及入库河流水文设施工程，新建水库水文站1处、新建入库流量站3处、新建重要水文站水文缆道1处等；通过国家自动墒情监测站建设新建墒情站10处；通过水情提升工程使泰安水情中心机房、会商室及情报预报的硬件环境设施得到了显著改善，软件系统有了极大的提升。站网的建设与运行，使泰安水文基本形成了布局较为合理、功能较为完备的水文监测站网体系。20世纪90年代至今水文站网情况见图2-4。

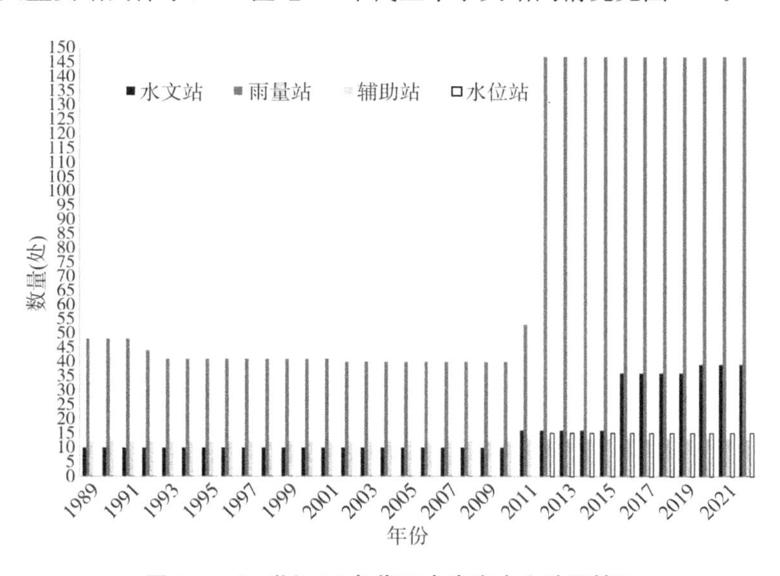

图2-4　20世纪90年代至今泰安水文站网情况

第三章

水文站网基本情况分析

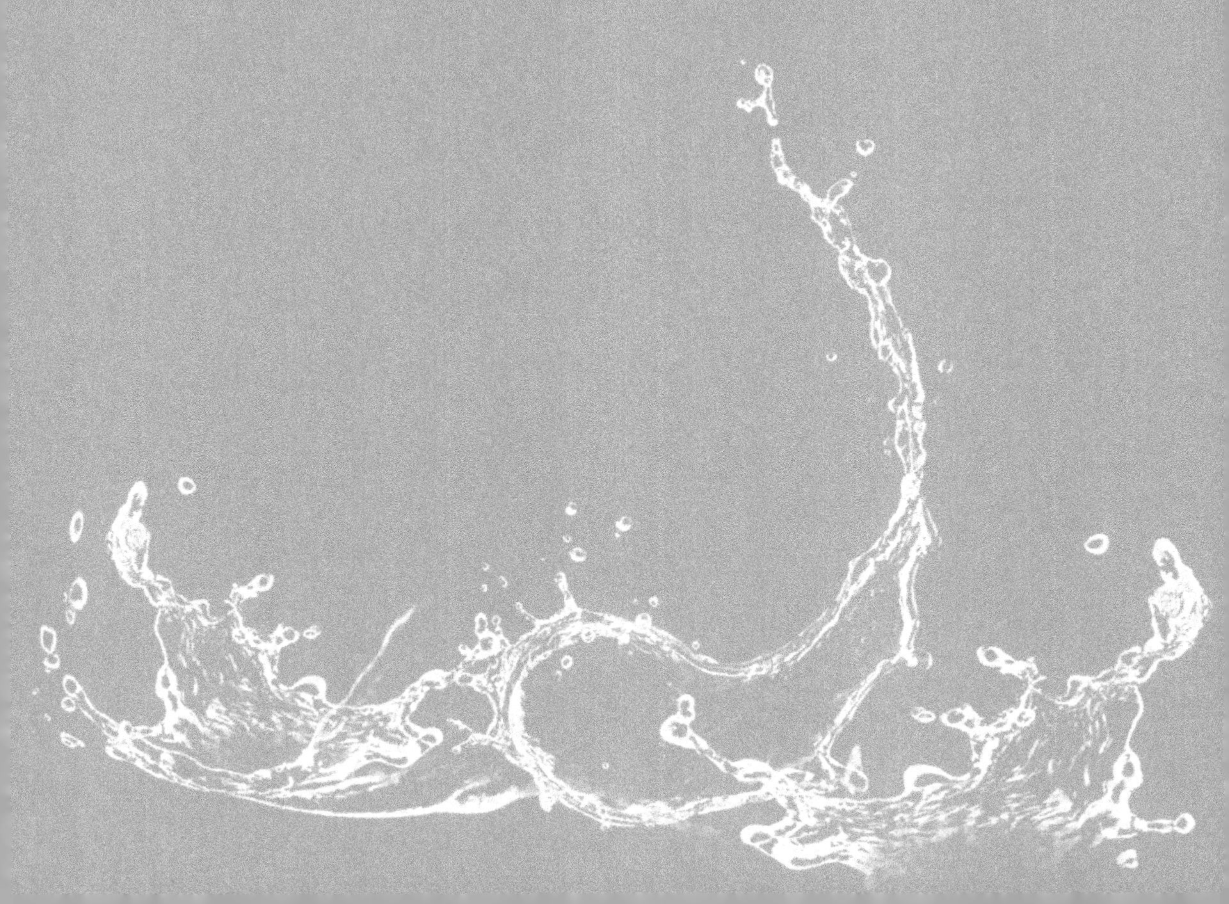

水文测站可按观测项目、服务功能、设站目的和作用分类：按观测项目分为流量站、水位站、泥沙站、雨量站、蒸发站、地下水站、水质站、墒情站等；按服务功能分为水文基本规律探索、水资源管理、水资源开发利用、水资源保护、防汛、抗旱、水土保持、水利工程运用管理、水生态监测、水文科学实验监测等站类；按设站目的和作用分为基本站、实验站、专用站和辅助站。基本站是为公用目的，经统一规划设立，能获取基本水文要素值多年变化资料的水文测站。实验站是为深入研究某些专门问题而设立的一个或一组水文测站。专用站是为特定目的设立的水文测站，其设站年限和测验资料的整编、保存应由设立单位确定。辅助站为补充基本站网不足而设置的一个或一组水文测站。

基本水文站按照所控制集水面积和任务的不同可划分为干流控制站、区域代表站、小河站和辅助站。水文站网是水文测站在地理上的分布网，是在一定地区或流域内，按一定原则，用适当数量的各类水文测站构成的水文资料收集系统。由基本站组成的水文站网称基本水文站网，把收集某一项水文资料的水文测站组合在一起，则构成该项目的站网，如流量站网、水位站网、泥沙站网、雨量站网、水面蒸发站网、水质站网、地下观测站(井)网等。通常所称的水文站网，就是这些单项观测站网的总称，有时也简称为“站网”。

水文站网的规划建设，是水文工作积累资料、掌握信息、研究水文规律的战略布局。应用水文站网的整体功能，能内插和推求网内任何地点和一定时期内的各项水文特征值，可全面地掌握水文信息，以满足国民经济建设各方面的需要。泰安市水文站网现有水文站 52 处，其中，国家基本水文站 10 处、专用水文站 29 处、辅助站 13 处，在国家基本水文站中，国家重要站 3 处、省级重要站 3 处、一般站 3 处；水位站 15 处，全属中小河流站，附带降水观测项目 6 处；雨量站 147 处(不含水文站、水位站雨量观测项目)，其中，基本雨量站 39 处，中小河流雨量站 109 处；墒情站 19 处；报汛站 179 处；地下水观测井 139 眼；水质监测站 35 处；含在水文站中的蒸发观测项目 8 处、泥沙观测项目 7 处等。全市形成布局合理、项目齐全的水文站网，在历年的防汛抗旱、水利工程设计与运行、城乡供水调度以及水资源管理工作中，都发挥了巨大的作用。

3.1　集水面积 200 km² 以上河流水文测站分布

泰安市分属黄河、淮河两大流域。黄河流域主要以北部大汶河水系为主，淮河流域在泰安市南部有南四湖水系和梁济运河水系。泰安市集水面积 200 km² 以上河流水文站、水位站、雨量站分布情况按水系河流分述如下。

3.1.1 大汶河水系

大汶河全长 231 km，总流域面积 8 944 km^2。其中，泰安市境内长 179.2 km。大汶河水系复杂，支流众多，流域面积大于 50 km^2 以上的支流有 43 条，其中 200 km^2 以上的河流有柴汶河、瀛汶河、石汶河、泮汶河、羊流河、漕浊河、汇河、跃进河等。

3.1.1.1 柴汶河

柴汶河是大汶河上游三大源流的南支，也是大汶河的最大支流，主要汇集新泰市及岱岳区、宁阳县的部分径流，河流长度 117 km，流域面积 1 948 km^2。其主要支流有羊流河、平阳河、光明河、禹村河等。

水文站设立：1958 年设谷里水文站（1986 年撤销，下迁至楼德建站），1962 年设光明水库水文站和金斗水库水文站（1986 年撤销，2011 年重建），1977 年设东周水库水文站，1982 年设瑞谷庄水文站，1987 年设楼德水文站，2011 年设苇池水库水文站，2016 年设谷里、祝福庄、石河庄、杨庄、直界水文站，2020 年设田村水库水文站。共计 12 处水文站。

水位站设立：2012 年设龙廷、北师、张庄、果园、岳家庄、小协 6 处水位站。

雨量站设立：1929 年设新泰雨量站（1987 年撤销，不统计），1952 年设羊流店、楼德雨量站，1962 年设金斗雨量站，1964 年设关山头、岔河，1965 年设天宝、龙廷，1966 年设翟镇雨量站，1971—1982 年设汶南、古石官庄、保安庄、小柳杭雨量站，2011—2012 年设北马庄、西峪、赵家庄、马头庄、北单家庄、大雌山、岙山东水库、李家楼、东鲁庄、韩家庄、东都镇、旋崮河水库、前孤山、西周水库、新泰市水利局、西周、新汶镇、下演马水库、万家村、泉沟镇、上河、西张庄镇、谷里镇、果都镇、北王村、高南村、宫里镇、西峪水库、西朴里村、田村水库、红花峪水库、禹村镇雨量站，2022 年设南孙家泉雨量站，共计 42 处（因楼德雨量站 1987 年并入楼德水文站，田村水库雨量站 2020 年并入田村水库水文站，金斗雨量站 2011 年并入金斗水库水文站，故 3 站均不作为独立雨量站统计）。

3.1.1.2 瀛汶河

瀛汶河是大汶河上游三大源流的北支，是汇集济南市莱芜区北部山区诸水的主要河流，全长 86 km，流域面积 1 331 km^2。其中泰安市境内 16 km，流域面积 548 km^2，其下游有石汶河汇入。该河流在泰安市境内的水文测站情况如下。

水文站设立：1962 年设黄前水库水文站，1981 年设下港水文站（2002 年停测，2022 年恢复），2011 年设小安门水库水文站，2016 年设翟家岭水文站（中小河流站），2022 年设白云寺水文站（黄前水库入库流量站）。共计 5 处水文站。

水位站设立：2012 年设石汶河引水闸、瀛汶河引水闸 2 处水位站。

雨量站设立：1953 年设下港雨量站，1963 年设西麻塔雨量站，1964 年设彭家峪雨量站，1981 年设勤村雨量站，2011—2012 年设杨家庄、八亩地、辛庄、黄巢观、陈家峪水库、松罗峪水库、大岭沟水库、石屋志、小牛山口水库、药乡水库、李子峪水库、大津口、栗杭水库、黄前镇政府、赵峪水库等雨量站，共计 18 处（因下港雨量站 1981 年并入下港水文站，故不作为独立雨量站统计）。

3.1.1.3　石汶河

石汶河是大汶河上游"五汶"之一，主要汇集泰山东北长城岭以南山区诸水。下游穿泰辛铁路，至刘家疃汇入瀛汶河，全长 49 km，流域面积 354 km^2。

水文站设立：1962 年设黄前水库水文站，1981 年设下港水文站（2002 年停测，2022 年恢复），2016 年设翟家岭水文站（中小河流站），2022 年设白云寺水文站（黄前水库入库流量站）。共计 4 处水文站。

水位站设立：2012 年设石汶河引水闸水位站。

雨量站设立：1953 年设下港雨量站，1963 年设西麻塔雨量站，1964 年设彭家峪雨量站，1981 年设勤村雨量站，2011—2012 年设陈家峪水库、松罗峪水库、大岭沟水库、石屋志、小牛山口水库、药乡水库、李子峪水库、大津口、栗杭水库、黄前镇政府、赵峪水库等雨量站，共计 14 处（因下港雨量站 1981 年并入下港水文站，故不作为独立雨量站统计）。

3.1.1.4　泮汶河

泮汶河源于泰山主峰以西桃花峪，汇集泰山西麓诸水至东店子汇入大汶河，全长 44 km，流域面积 379 km^2。泰城以上多丘陵，以下为平原，有奈河、梳洗河和柴草河三条较大的支流。

水文站设立：2016 年设大河、邢家寨（中小河流站）2 处水文站。

水位站设立：2012 年设奈河、梳洗河、碧霞湖 3 处水位站。

雨量站设立：1912 年设泰安雨量站，1958 年设泰前雨量站，2012 年设泰前街道办、樱桃园、泰汶路桥、徐家楼、省庄、上高、经石峪等雨量站，共计 9 处。

3.1.1.5　羊流河

羊流河发源于莲花山南麓，流经新泰市羊流、果都 2 个乡镇，下游于果都镇杨家官庄村南入柴汶河，河长 23 km，流域面积 207 km^2。

水文站设立：1982 年设瑞谷庄水文站，2011 年设苇池水库水文站，2016 年设石河庄水文站，共计 3 处水文站。

水位站设立：羊流河没有设立水位站。

雨量站设立：1952 年设羊流店、楼德雨量站，1982 年设小柳杭雨量站，2011—2012 年设北单家庄、大雌山、万家村、北王村等雨量站，共计 6 处(因楼德雨量站 1987 年并入楼德水文站，故不作为独立雨量站统计)。

3.1.1.6 漕浊河

漕浊河是大汶河中游最大支流，起源于岱岳区北留村以东的胜利水库，在堽城坝下游注入大汶河。它是岱岳区、肥城“汶阳田”的主要排水河道，全为平原河道，河长 39 km，流域面积 608 km^2。

水文站设立：2016 年设马庄、东王庄、胜利水库 3 处水文站，均为专用水文站。

水位站设立：漕浊河没有设立水位站。

雨量站设立：1955 年设夏张雨量站，2012 年设响水河水库、郭家小庄、鸡鸣返水库、南白楼水库、大尚、河西等雨量站，共计 7 处。

3.1.1.7 汇河

汇河是大汶河下游最大的支流。其主流发源于肥城市陶山西麓，注入戴村坝下游的大清河(大汶河下游)。明、清漕运时期，汇河是济运河道之一，其入口原在戴村坝上游，1964 年移至坝下游。其全长 95 km，流域面积 1 248 km^2，主要支流有汇河北支、东金线河、西金线河，上游的康王河是汇河的干流河道。

水文站设立：1977 年设白楼水文站，2016 年设石坞、太平屯、席桥中小河流专用站。共计 4 处水文站。

水位站设立：设有康汇桥水位站。

雨量站设立：1931 年设肥城雨量站，1953 年设大羊集、杨郭雨量站，1955 年设道朗雨量站，1964 年设石横雨量站，1966 年设安乐村、马尾山雨量站，1976 年设石坞雨量站，2012 年设房庄水库、潮泉、栲山水库、牛山、涧北、对福山、罗汉村、桃园、王庄镇、老城等雨量站，共计 18 处。

3.1.1.8 跃进河

跃进河是大汶河下游支流，位于东平湖以上戴村坝水文站以下区间，发源于东平县梯门镇西沟流，在东平县老湖镇王台入大汶河。其河长 17 km，流域面积 244 km^2。

跃进河无水文站、水位站，仅于 2012 年设梯门雨量站。

3.1.1.9　大汶河干流及其逐小河设站情况

大汶河干流：1935 年设戴村坝水文站，1952 年设北望水文站，1954 年设临汶（大汶口）水文站；2012 年设角峪桥水位站；1952 年设范家镇雨量站，1964 年设二十里铺雨量站，1978 年设徂徕雨量站，2012 年设珂珞山水库、徂徕水库、小寺水库、华丰、蒋集、孙伯、南栾、一担土、井仓、宿城、旧县、斑鸠店镇、小商庄雨量站。共计 3 处水文站、1 处水位站、16 处雨量站。

另外，1970—1988 年在大汶河干流引汶渠首上还设有辅助站，即泰安、颜谢、大汶口（北灌渠）、大汶口（南灌渠）、砖舍、堽城坝、琵琶山、松山、松山（东）、南城子，以及龙门口、龙池庙两水库辅助站；2011 年在大汶河干流设跨市界的区域水量监测断面（角峪流量站）。共计 13 处辅助站。

牧汶河：2011 年设角峪水库水文站；2011 年设西南峪雨量站。共计 1 处水文站、1 处雨量站。

淘河：2011 年设彩山水库水文站；2011 年设黄泊峪、王家庄雨量站，2012 年设水峪水库雨量站。共计 1 处水文站、3 处雨量站。

芝田河：2016 年设邱家店水文站；2012 年设刘家庄水位站；2012 年设周王庄雨量站。共计 1 处水文站、1 处水位站、1 处雨量站。

良庄河：2011 年设山阳水库水文站；2011 年设黄崖口、高胡庄雨量站，2012 年设黄石崖水库雨量站。共计 1 处水文站、3 处雨量站。

海子河：2011 年设贤村水库水文站，2016 年设郑家庄水文站；1965 年设南驿雨量站，2011 年设朝东庄雨量站，2012 年设西贤村雨量站。共计 2 处水文站、3 处雨量站。

石固河：2016 年设直界水文站。

小汇河：2016 年设尚庄炉水文站；1963 年设安临站雨量站，1965 年设安驾庄雨量站，2012 年设董南阳雨量站。

3.1.2　南四湖水系

3.1.2.1　洸府河

在洸府河上于 2016 年设宁阳水文站，2020 年设月牙河水库水文站；2012 年设洸河桥水位站;1952 年设宁阳雨量站,1964 年设葛石雨量站,1966 年设乡饮、西戴村雨量站,2012 年设伏山、堽城、东疏、鹤山、宁阳建行、宁阳联通、文庙雨量站。共计 2 处水文站、1 处水位站、11 处雨量站。

3.1.2.2 泗河

在泗河上于 1961 年设石莱雨量站,1974 年设放城雨量站,2012 年设上峪水库雨量站。共计 3 处雨量站。

3.1.3 梁济运河水系

湖东排水河:2016 年设吴桃园水文站;2012 年设州城、新湖、前河涯、沙河、彭集雨量站。共计 1 处水文站、5 处雨量站。

此外,1951 年在淮河流域沂沭泗水系东汶河上游设立盘车沟雨量站;1963 年在黄河干流区设立银山雨量站。

3.2 站网密度

站网密度是反映一个地区或流域内的水文测站数量多少的指标,以每站平均控制面积或单位面积内站数来表示,反映水文站网是否科学、合理,揭示地区水文站网发展水平。由于辅助站只起配套观测作用,并非独立,因此不能作为一个独立的水文站参加站网密度的统计。

水文站网密度,可以用现实密度与可用密度两种。现实密度是指单位面积上正在运行的站数;可用密度则是指测站数量,包括正在运行和虽然停止观测,但已取得有代表性资料或可以延长系列的测站在内。本次站网评价的“站网密度”通常是指“现实密度”。

容许最稀站网是指以满足水资源评价和开发利用的最低要求,在一个地区或流域内,布设的最低限度数量的水文测站组成的水文站网。根据世界气象组织(WMO)有关容许最稀水文站网密度的推荐意见,平原区最低容许站网密度为 1 000~2 500 km^2/站(困难条件下 3 000~10 000 km^2/站),山区最低容许站网密度为 300~1 000 km^2/站(困难条件下 1 000~5 000 km^2/站),详见表 3-1。

进行水文站网评价的目的,就在于将现实水文站网密度与容许最稀站网密度进行分析比较,评价现实水文站网密度的满足程度。

表 3-1　雨量站、水文站、蒸发站容许最稀站网密度表

地区类型	站网最小密度(km^2/站)		
	雨量站	水文站	蒸发站
温带、内陆和热带的平原区	600～900	1 000～2 500 (困难条件下 3 000～10 000)	50 000
温带、内陆和热带的山区	100～250	300～1 000 (困难条件下 1 000～5 000)	
干旱和极寒地区(不含大沙漠)	1 500～10 000	5 000～20 000	30 000(干旱地区)和 100 000(寒区)

3.2.1　水文站网

泰安市流域总面积 7 762 km^2,现有水文站 39 处(不含 13 处辅助站),全市平均站网密度为 199 km^2/站,其中:泰山区 337 km^2/站、岱岳区 125 km^2/站、肥城市 319 km^2/站、新泰市 176 km^2/站、宁阳县 225 km^2/站、东平县 335 km^2/站。泰安市处于温带半湿润山区及山区平原混合区,根据其站网最小密度与 WMO 推荐的容许最稀站网密度 300～1 000 km^2/站比较结果,现有水文站总体上符合规定的标准要求。

大汶河流域面积 8 944 km^2,其中泰安市境内流域面积 6 563 km^2,大汶河平均站网密度为 182 km^2/站,在其主要支流中,流域面积在 1 000 km^2 以上的有柴汶河和汇河,其水文站网密度分别为 162 km^2/站和 312 km^2/站;

流域面积在 500～1 000 km^2 的有瀛汶河、漕浊河、洸府河,其水文站网密度分别为 110 km^2/站、203 km^2/站和 314 km^2/站;

流域面积在 200～500 km^2 的支流中,其水文站网密度分别为:石汶河 89 km^2/站、泮汶河 190 km^2/站、羊流河 69 km^2/站、湖东排水河 162 km^2/站。跃进河、泗河均无水文站。泰安市主要河流水文站站网密度见表 3-2。

表 3-2　泰安市主要河流水文站站网密度

序号	流域	水系	河流	流域面积(km^2)	泰安境内面积(km^2)	水文站数量(处)	站网密度(km^2/站)
1	黄河	大汶河	大汶河	8 944	6 563	36	182
2	黄河	大汶河	柴汶河	1 948	1 948	12	162
3	黄河	大汶河	瀛汶河	1 331	548	5	110
4	黄河	大汶河	石汶河	354	354	4	89
5	黄河	大汶河	泮汶河	379	379	2	190

续表

序号	流域	水系	河流	流域面积（km^2）	泰安境内面积（km^2）	水文站数量（处）	站网密度（km^2/站）
6	黄河	大汶河	羊流河	207	207	3	69
7	黄河	大汶河	漕浊河	608	608	3	203
8	黄河	大汶河	汇河	1 248	1 248	4	312
9	黄河	大汶河	跃进河	244	244	0	0
10	淮河	梁济运河	湖东排水河	354	162	1	162
11	淮河	南四湖	洸府河	1 358	627	2	314
12	淮河	南四湖	泗河	2 403	281	0	0

综上所述，泰安市境内黄河流域大汶河水系、淮河流域南四湖水系、淮河流域梁济运河水系河流，其站网平均密度均超过 WMO 推荐的容许最稀水文站网密度标准，即 300～1 000 km^2/站。

3.2.2 水位站网

水位是反映水体、水流变化的水力要素和重要指标，是水文测验中最基本的观测要素，是水文测站常规的观测项目。水位是水体的主要参数，通过水位观测可以了解水体的状态，观测的水位值可直接为工程建设、防汛抗旱等服务。水位观测资料可以直接应用于堤防、水库、电站、堰闸、浇灌、排涝、航道、桥梁等工程的规划、设计、施工等过程中。水位是相对易于观测的重要的水文要素，不仅可以直接用于水文预报，而且通过观测的水位值可推求出其他水文观测项目，如流量、泥沙、水温、冰情、水库库容等。常用观测的水位过程，依据已建立的水位流量关系，直接推求出流量过程，也可再通过推求的流量过程，进一步推算出输沙率过程；也可利用观测的水位计算水面比降，进而计算河道的糙率等。

水位是防汛、抗旱、水资源调度管理、水利工程管理运行等工作的重要依据和重要资料，是掌握水文情况和进行水文预报的依据。由于水位常用于推求其他水文要素，因此水位观测的漏测或误差，可能会引起其他有关水文要素推求的困难或误差，可见水位的观测十分重要。

在大河干流、水库、湖泊等水域上布设水位站网，主要用以控制水位的转折变化。这既要满足水位内插精度要求，也应使相邻站之间的水位落差不被观测误差所掩盖，以此为基本原则确定布站数目。水位站设站数量及位置，可在水文站网中的水位观测项目的基础上确定，即满足 WMO 推荐的温带半湿润山区容许最稀站网密度 300～1 000 km^2/站。至 2022 年，泰安市水文站和水位站共有

54 处水位观测项目(不含辅助站),站网平均密度为 144 km^2/站,已达到规定标准。泰安市主要河流水位站站网密度见表 3-3。

表 3-3　泰安市主要河流水位站站网密度

序号	流域	水系	河流	流域面积(km^2)	泰安境内面积(km^2)	水位站数量(处)	站网密度(km^2/站)
1	黄河	大汶河	大汶河	8 944	6 563	50	131
2	黄河	大汶河	柴汶河	1 948	1 948	18	108
3	黄河	大汶河	瀛汶河	1 331	548	7	78
4	黄河	大汶河	石汶河	354	354	5	71
5	黄河	大汶河	泮汶河	379	379	4	95
6	黄河	大汶河	羊流河	207	207	3	69
7	黄河	大汶河	漕浊河	608	608	3	203
8	黄河	大汶河	汇河	1 248	1 248	5	250
9	黄河	大汶河	跃进河	244	244	0	0
10	淮河	梁济运河	湖东排水河	354	162	1	162
11	淮河	南四湖	洸府河	1 358	627	3	209
12	淮河	南四湖	泗河	2 403	281	0	0

大汶河在泰安市境内流域面积 6 563 km^2,其平均站网密度为 131 km^2/站,在其主要支流中,流域面积在 1 000 km^2 以上的有柴汶河和汇河,其水位站网密度分别为 108 km^2/站和 250 km^2/站。

流域面积在 500～1 000 km^2 的有瀛汶河、漕浊河、洸府河,其水位站网密度分别为 78 km^2/站、203 km^2/站和 209 km^2/站。

流域面积在 200～500 km^2 的支流中,其水位站网密度分别为:石汶河 71 km^2/站、泮汶河 95 km^2/站、羊流河 69 km^2/站、湖东排水河 162 km^2/站。跃进河、泗河均无水位站。

综上所述,泰安市境内黄河流域大汶河水系、淮河流域南四湖水系、淮河流域梁济运河水系河流,其站网平均密度均超过 WMO 推荐的容许最稀水位站网密度标准,即 300～1 000 km^2/站。

3.2.3　泥沙站网

泥沙一般指在河道水流作用下移动或者曾经移动的固体颗粒,河流泥沙又可以分为泥、沙、石三大类,其中黏粒粉沙属泥类、沙粒属沙类、砾石卵石漂石属石类。而泥沙测验泛指对河流或水体中随水流运动的泥沙的变化、运动、形式、数量及其演变过程的测量。天然河流挟带的泥沙影响着河流的发育，给河流的开发利用带来很多问题。河流中挟带的泥沙会造成河道淤塞，使河床逐年抬高，洪水位增高，容易造成河水的泛滥，且泥沙的冲刷和淤积会造成河道的游荡，严重时甚至会造成河流的改道，给河道治理带来很大的困难，给河道两岸人们的生活、生产造成威胁或灾难。河流中的泥沙有弊也有利，江河水流在上中游发生冲刷现象，携带大量泥沙进入下游，洪水泛滥和泥沙淤积塑造了河流下游的平原；合理调用、掌握泥沙在水库中淤积的时机、部位和数量，可有效减少水库的渗漏，合理淤填死库容，有利于增加水头；灌溉时合理利用水流中的细颗粒泥沙进行淤积，可以改良土壤、增加肥力、将盐碱沙荒地变为良田等。

泥沙在生产上既有消极的作用，又有积极的一面。为此，需要认识了解泥沙的特性、来源、数量及其时空变化，以便兴利除害。自20世纪80年代以来，社会经济的快速发展对砂石的需求增加很快。当采砂后，河床下降增强了河道过流能力，但是同时带来了对河道护坡及河道两岸桥梁等的危害。随着沙砾的减少，河床储存地下潜流的能力消失，地下潜流与河岸旁的浅层地下水之间的水力联系发生了变化，丰水期河道过流时间有限，此时河流补给河岸旁的浅层地下水，而一年大部分时间的枯水期，河岸旁的井得不到河床潜流的补给，而且反而向河道排泄，造成河岸旁的浅井枯竭树木枯死。过度采砂对生态环境的破坏是其危害中最严重一项，使得河流水位下降加剧并且破坏食物链，同时防洪工程被毁[3]。流域的开发和国民经济建设，需要水文工作者除提供大量的径流、洪水等水文资料，还提供可靠的泥沙资料。根据泰安水文站实测资料统计分析，大汶河含沙量呈上游大、下游小特征分布，支流柴汶河楼德水文站最大为53.3 kg/m^3、干流戴村坝水文站为17 kg/m^3。从大汶河干流控制站临汶和戴村坝两站悬移质输沙量资料统计分析，1956—2000年多年平均悬移质输沙量分别为：临汶水文站372万t、戴村坝水文站401万t，干流河道呈冲刷趋势。2000年以后大汶河各河段年输沙量明显减少，原因一方面是大汶河径流量减少，另一方面是河道采砂造成大量河沙减少，还有一方面是在上游山洪沟加大了水土保持措施的同时，在干流河道建设了大量的闸坝拦蓄工程等。

至2022年，泰安市共有5处泥沙观测项目，分别在柴汶河楼德水文站，大汶河干流大汶口水文站、戴村坝水文站，以及泮汶河邢家寨水文站和洸府河宁阳水文站。泰安市国土面积为7 762 km^2，泥沙站网平均密度为1 552 km^2/站。根据WMO推荐的干旱地区、内陆地区泥沙站在容许最稀水文站网中30%的占比要求，若按照水文站密度1 000 km^2/站最低标准推算，全市容许最稀水文站网可设

8站，那么全市泥沙站占容许最稀水文站网中的比例为62.5%，泥沙站网平均密度达到WMO推荐的容许最稀水文站网密度标准。

3.2.4　雨量站网

降水是重要的天气现象，是水文循环的重要环节，是气象、水文观测的重要内容，无论是气象部门，还是水文、农业、林业、交通等部门，都开展降水观测。我国是世界上对降水等天气现象观测最早的国家之一，气象科学源远流长。

降水是地表水和地下水资源的来源，了解流域水资源状况，必须有足够的降水资料；农业、林业、牧业、交通运输、军事等需要掌握降水资料，研究降水规律，并需要及时了解实时的降水情况；水利、交通、城市、工矿建设中常需要降水资料推求径流和设计洪水、设计枯水；根据降水资料可做出径流和洪水预报，增长预见期，为防洪抗旱和水资源调度管理服务；降水资料也是水资源分析评价中的重要资料，一个地区的降水规律，是其生态环境重要标志，对经济发展有重要作用。

降水观测是按统一的标准对各个降水站点的降水量、降水强度等进行系统的观测，并按规定的方法进行整理计算，获得各站点的降水资料。开展降水量观测，目的是要系统地观测和收集降水资料，同时为防汛抗旱、水资源管理等服务。通过长期的观测，可以分析测站的降水在时间上的规律，通过流域内降水观测站网，可分析研究降水在地区上的分布规律，以满足工业、农业、生产、军事和国民经济建设的需要。

泰安市境内现有雨量观测站147处，按国土面积雨量站网密度平均为52 km^2/站，按水系分大汶河水系平均达52 km^2/站、梁济运河水系为32 km^2/站、南四湖水系为61 km^2/站。根据WMO有关容许最稀站网密度的推荐意见，温带、内陆和热带的山区容许最稀雨量站站网密度为100～250 km^2/站，与此标准比较，泰安市现有雨量站在所属的黄河流域、淮河流域各水系上的平均站网密度，已达到WMO推荐的容许最稀站网密度要求。其中，在大汶河主要一级支流中，柴汶河、瀛汶河、泮汶河、漕浊河、汇河、跃进河的站网密度分别为45、30、42、87、73、244 km^2/站。但如果按照我国《水文站网规划技术导则》(SL/T 34—2023)中“单站面积不宜大于200 km^2”的规定，跃进河站网密度超出标准，不符合要求。总之，大汶河流域雨量站站网密度为上游>中游>下游，戴村坝水文站以下区域需要适当补充2～3处雨量站。泰安市主要河流雨量站站网密度见表3-4。

从全泰安市雨量站的分布来看，面上分布比较合理，基本上能控制住暴雨中心，能满足暴雨等值线图的勾绘。由于地形复杂、局部暴雨频繁，还需要增加雨量站点，如跃进河上明显偏少，对较密集的雨量站点需要进一步优化调整，以最大限度地发挥站网效益、增强监测能力，满足防汛抗旱和社会经济发展需要。

表 3-4　泰安市主要河流雨量站站网密度

序号	流域	水系	河流	流域面积（km^2）	泰安境内面积（km^2）	雨量站数量（处）	站网密度（km^2/站）
1	黄河	大汶河	大汶河	8 944	6 563	127	52
2	黄河	大汶河	柴汶河	1 948	1 948	43	45
3	黄河	大汶河	瀛汶河	1 331	548	18	30
4	黄河	大汶河	石汶河	354	354	14	25
5	黄河	大汶河	泮汶河	379	379	9	42
6	黄河	大汶河	羊流河	207	207	6	35
7	黄河	大汶河	漕浊河	608	608	7	87
8	黄河	大汶河	汇河	1 248	1 248	17	73
9	黄河	大汶河	跃进河	244	244	1	244
10	淮河	梁济运河	湖东排水河	354	162	5	32
11	淮河	南四湖	洸府河	1 358	627	11	57
12	淮河	南四湖	泗河	2 403	281	4	70

3.2.5　蒸发站网

蒸发是液体表面发生汽化的现象，它主要受气压、气温、湿度、风、辐射等气象因素的影响。水面蒸发是水循环过程中的一个重要环节，是水量平衡三大要素之一，是反映当地蒸发能力的指标，是水文学研究中的一个重要课题。它是水库、湖泊等水体水量损失的主要部分，也是研究陆面蒸发的基本参证资料。蒸发在水资源评价、产流计算、水平衡计算、洪水预报、旱情分析、水资源利用等方面都有重要作用。水利水电工程和用水量较大的工矿企业规划设计和管理，也都需要水面蒸发资料。

随着国民经济的不断发展，水资源的开发、利用急剧增长，供需矛盾日益尖锐。这就要求进行更精确的水资源评价。水面蒸发观测工作，可为探索水体的水面蒸发及蒸发能力在不同地区和时间上的变化规律，以满足国民经济各部门的需要，为水资源的开发利用服务。

泰安市现有蒸发观测项目 8 处，均包含在水文站观测项目中，其中国家基本水文站 4 处、中小河流专用水文站 4 处，分别在柴汶河东周水库站、谷里站，石汶河黄前水库站，泮汶河邢家寨站，小汇河尚庄炉站，汇河席桥站，大汶河大汶口站、戴村坝站。站网平均密度为 970 km²/站。根据 WMO 有关容许最稀站网密度的推荐意见，温热带和内陆区容许最稀蒸发站站网密度为 50 000 km²/站，与此标准比较，泰安市现有蒸发站网密度已达到 WMO 推荐的容许最稀站网密度要求。

3.2.6　水质站网

江河水质是河流水文特征之一，分析江河水质特征及其时空变化，是评价水质优劣及其变化的主要内容。江河天然水质的地区分布，主要受气候、自然地理条件和环境的制约。

泰安市现有地表水重点水质监测站 15 处，分别为北望站、大汶口站、戴村坝站、光明水库站、东周水库站、黄前水库站、楼德站、白楼站、金斗水库站，以及丁坞桥站、洸河闸站、泗店镇桥站、障城站、老湖镇、陈山口站，站网平均密度为 517 km²/站。其中，柴汶河站网平均密度为 244 km²/站，瀛汶河站网平均密度为 137 km²/站，汇河站网平均密度为 416 km²，大汶河水系站网平均密度为 205 km²/站。在现有 39 处水文站中，有水质监测项目的为 8 处，占全部水文站的 21%。根据 WMO 有关容许最稀站网密度的推荐意见，水质站在容许最稀水文站网中所占比例：温和湿润地区和热带林区为 5%，干旱地区为 25%。与此标准比较，泰安市现有水质站网密度基本符合 WMO 推荐的占比要求。

需要指出的是，当前，由于经济发展和水环境的污染，水质站的最稀站网密度应远高于 WMO 的指标。根据《山东省水功能区划》，泰安市共划分水功能区 24 个，其中一级区 15 个，包括保护区 5 个、保留区 3 个、缓冲区 1 个、开发利用区 6 个，总区划河长 478.2 km；在 6 个开发利用区中划分水功能二级区 9 个，总区划河长 356.3 km。

本次站网评价结合泰安市水功能区划工作，提出修正后的最稀水质站网密度评价方法如下：按照辖区内每个水功能区至少布设一个水质站为标准，即辖区面积与水功能区个数之比 323 km²/站，作为最稀站网密度参考。目前在全市水功能区布设了 35 处水质站，则泰安市地表水水质站网的最稀站网密度应为 222 km²/站。与最稀站网密度参考标准比较，泰安市现有水质站网密度已达到容许最稀站网密度要求，水功能区水质监测站已掌握水资源质量的时空变化和动态变化，基本满足水资源保护与管理部门实时掌握水质信息的要求。

3.2.7　墒情站网

土壤墒情即土壤含水量，是分析判断农业旱情最直接和必要的指标，规划的墒情监测站网能完整收集土壤墒情信息，满足抗旱减灾、水资源管理、国家粮食生产安全、水利建设规划、畜牧业发展等方面的需要。泰安市土壤墒情监测工作起步较早，从1958年谷里水文站、1959年杨郭水文站开始观测土壤含水率项目算起，1962年于临汶站、黄前水库站等在全市范围内布设了墒情观测站网，开展墒情监测工作。

泰安市现有19处墒情监测项目，包括9处人工墒情和10处自动墒情监测站。其中，平原区10处、山丘和丘陵9处，分别设在柴汶河东周水库站、楼德站、关山头站、瑞谷庄站，石汶河黄前水库站，漕浊河汶阳站，汇河肥城站、白楼站、王庄站、龙门口站，跃进河梯门站，大汶河大津口站、北望站、大汶口站、戴村坝站、老湖站，以及洸府河宁阳站、月牙河站、东疏站上。全市站网平均密度为409 km^2/站，各主要河流分别为：柴汶河站网平均密度为487 km^2/站，石汶河站网平均密度为354 km^2/站，漕浊河站网平均密度为608 km^2/站，汇河站网平均密度为312 km^2/站，跃进河站网平均密度为244 km^2/站，洸府河站网平均密度为209 km^2/站。

墒情站网的布设密度，应根据历史上旱情和旱作农业、牧业的分布情况及耕作面积确定，或按行政区划确定。

按耕作面积规划的墒情站网。根据《水文站网规划技术导则》要求，山丘区单站控制耕作面积不大于30 000 hm^2，丘陵区单站控制耕作面积不大于50 000 hm^2，平原区单站控制耕作面积不大于90 000 hm^2。根据2022年泰安市统计年鉴数据，泰安市耕地面积510.23万亩，折合3 401 km^2，约占土地总面积的43.8%。其中：灌溉耕地面积384.9万亩，折合2 566 km^2；非灌溉耕地面积835 km^2。泰安市目前灌溉耕地控制面积站网密度为257 km^2/站，非灌溉耕地站网密度为93 km^2/站。参照山丘区和丘陵区单站控制耕作面积站网平均最低布设密度400 km^2/站，平原区单站控制耕作面积站网最低布设密度900 km^2/站，则目前地表水墒情站网密度均符合规定标准。

按行政区划规划的墒情站网，最低布设密度为：国家粮食主产区和易旱地区，3～5站/县；一般地区，2～3站/县。泰安市大汶河沿岸有著名的“汶阳田”，范围覆盖了肥城市、宁阳县和岱岳区，是山东省重要产粮区。各县(市、区)墒情监测站分布情况为：泰山区1处、岱岳区4处、肥城市4处、新泰市4处、宁阳县3处、东平县3处。根据行政区划规划的墒情站网标准，除泰山区不符合要求外，其他县(市、区)墒情站网密度符合规定标准。

旱灾是危害较大的气象灾害之一，对农业生产产生很大影响。随着社会经济的发展，抗旱工作面临新的挑战，应当建设一个高效、可靠、覆盖全面的墒情信息采集系统，随时采集和掌握旱情信息，从而为指挥抗旱救灾提供有力保障[4]。

3.2.8 地下水站网

地下水站网应能完整掌握地下水动态，探求地下水运动规律，为国土整治、流域规划、生态环境保护、地下水动态预测、地下水资源的科学评价与合理使用提供基本资料，为防止因地下水持续升降而引起的不良后果，提供科学依据。

泰安市现有区域监测井、人工井、自动观测 139 站，其中动态观测井 90 站，包括五日监测的基本井 78 站、逐日监测的重点井 12 站。动态观测井网覆盖全市各县(市、区)，承压水及潜水均有一定程度的控制，具体为：

泰山区潜水井 3 站、承压水井 9 站，井网密度为 36 站/103 km^2；

岱岳区潜水井 12 站、承压水井 5 站，井网密度为 10 站/103 km^2；

新泰市潜水井 8 站，承压水井 8 站，井网密度为 8 站/103 km^2；

宁阳县潜水井 7 站，承压水井 9 站，井网密度为 14 站/103 km^2；

肥城市潜水井 5 站，承压水井 10 站，井网密度为 12 站/103 km^2；

东平县潜水井 8 站，承压水井 6 站，井网密度为 10 站/103 km^2；

全市井网密度平均为 12 站/103 km^2。根据《水文站网规划技术导则》地下水站布设最低密度标准要求，平原区、山丘区井网密度参照冲洪积平原区开发利用程度的开采强度分区：超采区 8 站/103 km^2、高超采区 6 站/103 km^2、中等开采区 4 站/103 km^2、低开采区 2 站/103 km^2。泰安市现有井网密度均高于《水文站网规划技术导则》最低密度标准要求，目前地下水井站网均符合规定标准。

3.3 站网的构成分析

目前，泰安市水文站网有水文站 52 处、水位站 15 处、雨量站 147 处(不含水文站、水位站雨量观测项目，其中国家基本雨量站 39 处)。水文站按设站目的和作用划分为国家基本水文站 10 处、专用水文站 29 处、辅助站 13 处；按控制面积划分为大河控制站 3 处、区域代表站 10 处、小河站 26 处；按水文测站的重要性分级划分为国家重要站 3 处、省级重要站 3 处、一般站 33 处。全市基本上形成了包含各种类型测站的站网结构。

3.3.1 按设站目的和作用分类

水文站按设站目的和作用可分为基本站、辅助站、专用站和实验站。本文将泰安不同时期的水文站建设情况，以每 3 年一个时段作为步长进行累计统计，并且为更直观地展示各时期的站网变化，作了以下列表列图。泰安市基本站、辅助站及专用站建设运行情况见表 3-5、图 3-1。

表 3-5　泰安市基本站、辅助站及专用站建设运行情况统计表　单位:处

年份	基本站	辅助站	专用站	年份	基本站	辅助站	专用站
1950 年	2			1989 年	10	12	0
1953 年	4			1992 年	10	12	0
1956 年	6	0	0	1995 年	10	12	0
1959 年	7	0	0	1998 年	10	12	0
1962 年	8	0	0	2001 年	10	12	0
1965 年	8	0	0	2004 年	10	12	0
1968 年	7	0	0	2007 年	10	12	0
1971 年	7	2	0	2010 年	10	12	0
1974 年	7	2	0	2013 年	10	13	7
1977 年	9	2	0	2016 年	10	13	26
1980 年	9	9	0	2019 年	10	13	26
1983 年	11	11	0	2022 年	10	13	29
1986 年	11	11	0				

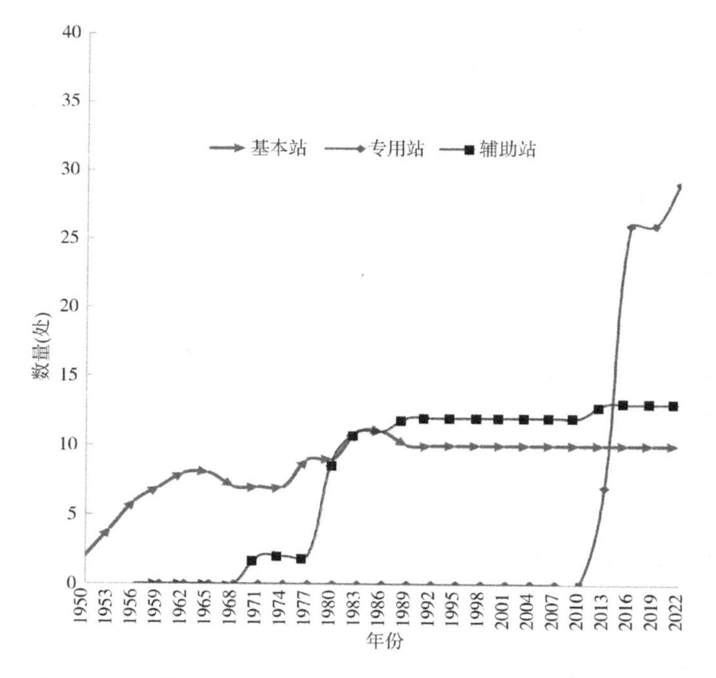

图 3-1　泰安市基本站、辅助站及专用站建设运行情况示意图

3.3.1.1　基本站

基本站是为公用目的，经统一规划而设立，能获取基本水文要素值多年变化资料的水文测站。基本站应保持相对稳定，并进行较长期的连续观测，收集的资料应刊入水文年鉴。基本站由水文部门建立和管理，任务是探求水文基本规律，满足各方面需要。基本水文站是现行站网中的主体。从经济的角度看，由于运行经费的限制，在基本站相对稳定的情况下，可以通过设立相对短期的辅助站，与长期站建立关系，来达到扩大资料收集面的目的。泰安市基本水文站布设在主要干流河道和大中型水库工程上，用于系统收集水文资料，研究水文规律，为流域规划和水利工程设计提供依据，并为抗旱防汛提供服务。

泰安是开展水文工作较早的地区。1915 年民国督办运河工程总局在黄河支流大汶河东平县境内设南城子水文站，开展水位、流量测验工作，这是山东省第一个水文站。新中国成立后泰安基本水文站网发展较为迅速，至今已形成一套较为完整、相对合理，且以收集基本水文资料和为防汛抗旱、水资源管理利用服务的水文监测体系。新中国成立后人民政府大力兴修水利、发展经济建设，迫切需要水文资料，除恢复大汶河南城子站(1959 年下游河道封堤停测)外，1952—1954 年还先后在大汶河干流增设戴村坝站、北望站、临汶站，在汇河新设杨郭站，在漕浊河新设东浊头站(1962 年撤销)。1958 年设谷里站，至 1962 年底又新设了光明水库站、黄前水库站、金斗水库站(1986 年撤销)，至此在运行的水文站已达 8 处，初步建成了完整的基本水文站网。由于站网发展过快，测站管理体制、站网经过了一个时期的调整巩固。“文革”开始后，水文测报工作受到一定程度的干扰和破坏。1977 年在柴汶河设东周水库站、康王河(汇河)设白楼站，1981 年在石汶河设下港站，1982 年在羊流河设瑞谷庄站，1986 年金斗水库站撤销，1987 年谷里水文站撤迁至柴汶河下游楼德镇苗庄村建站并改名为楼德水文站。

进入 20 世纪 90 年代后，泰安水文站网基本处于比较稳定的状态，但因经费投入等原因，对部分站点及监测项目进行了微调。1992 年、1997 年、2002 年，先后停测了瑞谷庄、白楼、下港 3 处水文站的测验和报汛工作。2017 年 6 月白楼站恢复观测，2022 年 6 月下港站、瑞谷庄站恢复观测。

3.3.1.2　辅助站

辅助站是为帮助某些基本站正确控制水文情势变化而设立的一个或一组站点、断面。辅助站的情况有两类，一类主要是为了探寻水文要素的地理分布特性而设置，设立相对简单、灵活，设立的年限可以相对较短，时间以与基本站建立起相对关系为准，是基本站的重要补充，可以弥补基本站观测资料的不足；另一类主要设置在水利工程影响地区或平原水网地区，目的是进行水量平衡计算，算清水账。

辅助站分为枢纽性辅助站和一般性辅助站。枢纽性辅助站（断面）依赖于基本站而存在，有的站与基本站断面同时建立，有的站在水文测站受水利工程影响后补充设立。枢纽性辅助站是随着基本站的建设而调整变化的。一般性辅助水文站（断面）目前主要是为了分析计算区域水资源量而设立的辅助观测断面，一般采用巡测的方式，并不完全具备 WMO 和《水文站网规划技术导则》所要求的辅助站的特点。泰安市辅助站的发展概况与基本水文站的发展相似。新中国成立初期，经济建设和水利建设均较缓慢，基本站和枢纽性辅助站受社会发展制约。20 世纪 60—70 年代，全国掀起了大规模的水利工程建设高潮，水文站网的建设也相应加快，基本站与辅助站数量增长较快。为进一步算清水账并作为基本水文站的补充，沿大汶河引汶干渠先后增设了渠首辅助观测站进行流量监测。1970 年在大汶口引汶灌渠上，分别设大汶口（南灌渠）渠首站和大汶口（北灌渠）渠首站；1978 年在胜利渠设泰安渠首站；1979 年分别在引汶渠设颜谢渠首站、砖舍渠首站、堽城坝渠首站、琵琶山渠首站、南城子渠首站、松山渠首站，1988 年在引汶渠设松山（东）渠首站，1981 年设龙门口水库渠首站、龙池庙水库渠首站，2011 年在大汶河莱芜、泰安市界处附近设角峪辅助站。

辅助站的设立弥补了基本水文站网定位观测的不足，以扩大资料收集范围，或弥补了为其他特定目的而收集水文资料工作的不足。水文测站定位观测工作是观测各种水文要素、收集各种水文资料的主要途径。由于定位观测有时间和空间的局限性，提供的资料在某些方面不能完全满足生产和科研的要求，通过辅助站水文调查来弥补定位观测的不足，增强了资料的完整性和系列的一致性，更大限度地提高了资料的使用价值，更好地为水利事业和其他国民经济建设服务。

3.3.1.3 专用站

专用站是为科学研究、工程建设、工程管理应用、专项技术服务等特定目的而设立的水文测站，其观测项目和年限依设站目的而定，不具备或不完全具备基本站的特点。专用站是为特定服务对象而设计的，在水文为社会开展服务的工作中承担着不可忽视的作用。

改革开放以来，随着经济和科学技术的发展，人类的生产和生活活动对环境和水体的影响越来越大，同时，受污染的环境和水体对人类健康的威胁也日益突出，对人类赖以生存的水资源监测和保护提出了更高的要求。但是中小河流的水文监测是一个薄弱环节，长期以来，由于受到多方面因素的限制，没有得到足够重视。近年来，水环境和水生态问题越来越多地受到社会各界的关注和重视。2011 年，水利部副部长刘宁在全国水文工作会议上明确指出，“十二五”期间我国将加快完善水文监测站网建设，特别要加快中小河流的水文监测体系建设，对《中小河流治理和中小水库除险加固专项规划》中确定的 5 000 多条中小河流覆盖率达到 100%[5]。

2010 年以前，泰安市无专用水文站。为探索不同下垫面条件下河流的水文要素变化规律，控制流量特征值的空间分布，探索径流资料的移用技术，解决水文分区内任一地点流量特征值，或流量过程资料的内插与计算问题，泰安市在代表性的河流上选定 16 处水文站作为区域水量监测专用站网。2012 年以来，通过中小河流水文监测系统、山东省水文设施建设工程等专项资金，在中小河流及中型水库设立了水文站，甚至在少数重点小(1)型水库也设立了水位站、水文站。2016 年，在石汶河新建翟家岭站，在芝田河新建邱家店站，在泮汶河新建邢家寨站，在柴汶河新建谷里站、祝福庄站、杨庄站，在羊流河新建石河庄站，在海子河新建郑家庄站，在漕浊河新建马庄站、东王庄站，在汇河新建石坞站、席桥站、太平屯站，在湖东排水河新建吴桃园站，在洸府河新建宁阳站；2022 年，在石汶河黄前水库入库口新设白云寺站。另外，在光明水库、东周水库入河口将原水位站进行了升级改造(注：本次未统计在专用水文站中)。

泰安市大中型水库共有 16 座，包括 14 座山区水库、2 座平原水库(胜利水库、月牙河水库)。至目前，除光明水库、黄前水库和东周水库设有 3 处国家基本站外，其余 13 座水库也先后通过“工程带水文”“中小河流水文监测系统”等建设项目全部设立了水文站。金斗水库曾于 1962—1985 年设立过水文站，1986 年撤销，2011 年通过“工程带水文”而重设，同年新设的还有彩山水库站、小安门水库站、角峪水库站、贤村水库站、山阳水库站、苇池水库站，2016 年设胜利水库站、大河站、直界站、尚庄炉站，2020 年设月牙河水库站、田村水库站。

近十年来，泰安市专用水文站网经历了从无到有、从空白到基本覆盖的过程。通过水利工程带水文设施建设、中小河流水文监测系统建设等项目，共新建设立专用站 29 处，其中中小河流站 16 处、中型水库站 13 处。随着经济的快速发展，对水文服务的需求也变得更加广泛，尤其是极端暴雨洪涝问题是当前世界各国面临的巨大挑战，降水阈值屡屡突破工程防御能力的上限，进一步加剧了流域和城市的洪涝风险[6]。围绕大汶河流域数字化程度不高、服务时效受限等问题，需要进一步强化水量监测工作，积极探索具有预报、预警、预演、预案功能的大汶河流域洪涝灾害监测预警服务体系，充分发挥水利工程的作用，确保人民群众生命财产安全。

3.3.2 按控制面积分类

由于河流有大小、干支流的区分，因此设在不同河流上的流量站网的布设原则也不相同。可将天然河道上的流量站根据控制面积大小及作用，分为大河控制站、小河站和区域代表站。泰安市地处暖温带半温润地区，按照《水文站网规划技术导则》规定，干流控制站集水面积控制在 3 000 km^2 以上，为多目标服务；区域代表站集水面积控制在 200～3 000 km^2，主要收集区域代表性的水文资料；小河站集水面积小于 200 km^2，主要收集暴雨洪水资料。

目前，泰安地区有大河控制站 3 处，占站网总数的 8%；区域代表站 10 处，占站网总数的 26%；小河站 26 处，占站网总数的 67%。泰安市各类测站占比分布示意图见图 3-2。

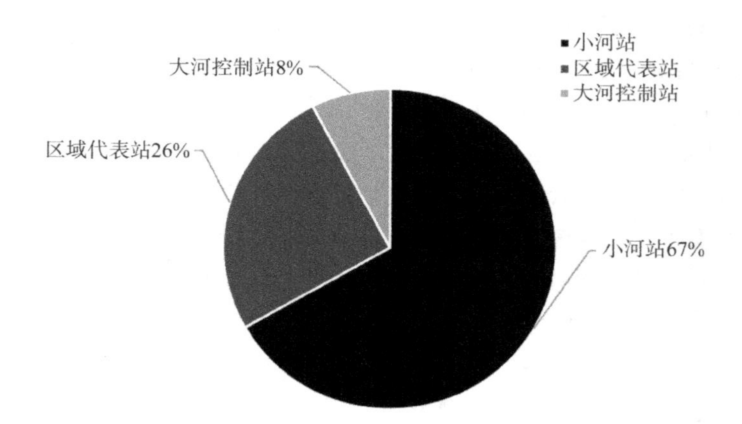

图 3-2 泰安市各类测站占比分布示意图

3.3.2.1 大河控制站

干旱地区集水面积在 5 000 km^2 以上、湿润地区集水面积在 3 000 km^2 以上大河干流上的流量站，称为大河控制站。大河控制站的主要任务，是为江河治理、防汛抗旱、水资源管理、制定水资源开发规划以及编制重大工程兴建方案等系统地收集资料。大河控制站是整个站网的骨架，居首要地位，规划的工作重点是确定布站数量和选定设站位置。大河控制站网规划一般采用“线的原则”（也称直线原则）。布站数目要求依据《水文站网规划技术导则》，流域以满足正常年径流或相当于防汛标准的洪峰流量递变率不小于15%和内插年径流或相当于防汛标准的洪峰流量的误差不超过10%来估计布站数目。

大汶河是黄河下游最大支流，经东平湖流入黄河。1935年在大汶河设立戴村坝水文站，该站在抗日战争爆发后因战乱而停测，1950年6月恢复测验，是大汶河第一处大河控制站。1952年增设北望站，1954年又增设临汶站，占站网总数的8%。

戴村坝水文站是国家一类水文站，是黄河流域大汶河水系干流的总控制站，也是东平湖入湖站，测验断面经两次迁移至现在的陈流泽村流泽大桥，称戴村坝(三)站，集水面积8 264 km^2，占马口以上面积(8 557 km^2)的96.6%，距入东平湖口14.0 km，干流长度192 km。流域呈扇形，分布于济南市莱芜区，泰安市新泰市、岱岳区、泰山区、肥城市、宁阳县、东平县及济南市平阴县的一部分。测站上游和右岸以山区、丘陵为主，左岸以平原、丘陵为主。山区约占总控制面积的23.5%，丘陵约占43.5%，平原约占33%。流域内有大型水库2座，中型水库22座，小型水库500余座，较大规模的拦河坝10余座。由于上游修建了大量的拦蓄水工程，削减了该测验断面的洪峰流量，根据第三次水资源调查评价成果(1956—2016年)，戴村坝站多年平均天然径流量为13.2亿m^3。其设站目的为控制大汶河总水量，系统收集水文资料，研究水文规律，并为抗旱防汛、水资源管理服务；主要测验项目有水位、流量、悬移质输沙率、含沙量、水质、降水量、水面蒸发量、冰情、墒情、水文测量及水文调查等；报汛任务有雨情、水情、墒情。戴村坝水文站可谓监测水文要素项目齐全，能够满足河流治理、防汛抗旱、水资源管理、水生态保护以及重大水利工程等国民经济的需要。

大汶口水文站是国家一类水文站，是黄河流域大汶河水系大汶河的干流控制站，原为临汶水文站，2000年1月1日上迁10 km至泰安市岱岳区大汶口镇卫驾庄村，并更名为大汶口水文站。流域呈扇形，集水面积5 696 km^2，占马口以上面积(8 557 km^2)的66.6%，距入东平湖口88.0 km。流域内有大型水库2座，中型水库19座(含田村)，小型水库500余座，较大规模的拦河坝10余座。由于上游修建了大量的拦蓄水工程，削减了该测验断面的洪峰流量，根据第三次水资源调查评价成果(1956—2016年)，大汶口站多年平均天然径流量为11.9亿m^3。其设站目的为控制大汶河总水量，系统收集水文资料，研究水文规律，并为抗旱防汛、水资源管理服务；测验项目有水位、流量、悬移质输沙率、含沙量、水质、降水量、水面蒸发量、土壤含水率、冰情、水准测量、断面测量、水文调查等；报汛任务有雨情、水情、墒情。作为大汶河重要的干流控制站，大汶口水文站肩负着向国家防汛抗旱总指挥部(以下简称“国家防总”)，省、市防汛抗旱指挥部

（以下简称“省、市防指”）和黄河流域委员会提供雨水情等抗旱防汛信息的重任。

北望水文站是国家二类水文站，是黄河流域大汶河水系大汶河中游控制站。其测验断面经两次迁移至现在的岱岳区北集坡办事处牟汶河大桥，为北望（三）站，集水面积 3 551 km^2，占牟汶河流域面积 3 711 km^2（大汶河干流）的 95.7%，至入东平湖口距离 106 km。流域内有大型水库 1 座，中型水库 12 座，小型水库 300 余座，较大规模的拦河坝 10 余座。由于上游修建了大量的拦蓄水工程，削减了该测验断面的洪峰流量。其设站目的为控制大汶河总水量，系统收集水文资料，研究水文规律，并为抗旱防汛、水资源管理服务；测验项目有水位、流量、水质、降水量、土壤含水率、冰情、水准测量、断面测量、水文调查等；报汛任务有雨情、水情、墒情。

3.3.2.2　区域代表站

湿润地区集水面积在 200～3 000 km^2，干旱地区集水面积在 500～5 000 km^2，且易发生洪水灾害和有防汛需要的山区河流上，主要为收集区域代表性的水文资料而设立的水文站，称为区域代表站。区域代表站的布设原则采用“区域原则”，即将一个大的流域，根据径流特征的空间变化特性，划分为若干个水文一致区，然后在水文一致区内，将中等河流的面积分为若干级，再从每个面积级的河流中选择有代表性的河流设站观测。在任一水文分区之内，沿径流深等值线的梯度方向，布站不宜过密，也不宜过稀。决定站网密度下限的年径流特征值内插允许相对误差采用 5%～10%；决定密度上限的年径流特征值递变率采用 10%～15%。对于分析计算较困难的地区，在水文分区内，可直接按流域面积分为 4～7 级，每级设 1～2 个代表站。

至 2022 年，泰安市有区域代表站 10 处，占站网总数的 26%，主要布设在柴汶河、石汶河、泮汶河、羊流河、漕浊河、汇河、洸府河等泰安市辖区主要河流上，能够控制流量特征值的空间分布，通过径流资料的移用技术，提供分区内其他河流流量特征值或流量过程。应用这些站的资料，可进行区域水文规律分析，解决无资料地区水文特征值内插需要。区域代表站的分析就是验证水文分区的合理性、测站的代表性、各级测站布设数量是否合理，能否满足分析区域水文规律和内插无资料地区各项水文特征值的需要。

泰安市现有区域代表站基本能够满足区域代表性分析的需要，可以为防汛、工程规划建设、管理运用等方面提供基本资料，发挥区域代表站的作用。但也存在一些问题，如测站分布不均匀，需在以后的水文站网规划中逐步补充、调整。

3.3.2.3　小河站

湿润区集水面积在 200 km^2 以下、干旱区集水面积在 500 km^2 以下的河流上设立的流量站，称为小河站。小河站的主要任务是为研究暴雨洪水、产流、汇流、产沙、输沙的规律而收集资料。在大中河流水文站之间的空白地区，往往也需要小河站来补充，满足地理内插和资料移用的需要。因此，小河站是整个水文站网中不可缺少的组成部分。小河站按分类原则布设，因其设施简易、投资低，可以灵活地在不同地区设站。布设小河站网的主要目的在于收集小面积暴雨洪水资料，探索产汇流参数在地区上和随下垫面变化的规律，为研制与使用流域水文数学模型提供不同地类的水文参数，以满足广大的无实测水文资料的小流域防洪、水资源管理、水利工程的规划、设计之需。

至 2022 年，泰安市现有小河站 26 处，占站网总数的 67％，为占比最大的站类。与多数国家小河站一般占大河控制站和区域代表站的 15％～30％的标准来看，泰安市小河站点比例很大。

3.3.3　按测站的重要性分类

根据水利部水文司 1996 年第 495 号文件规定，基本水文站按测站的重要性划分为国家重要水文站、省级重要水文站、一般水文站三类。泰安市现有国家重要水文站 3 处，占站网总数的 8％；省级重要水文站 3 处，占站网总数的 8％；一般水文站 33 处，占站网总数的 84％。各类测站占比分布情况示意图见图 3-3。

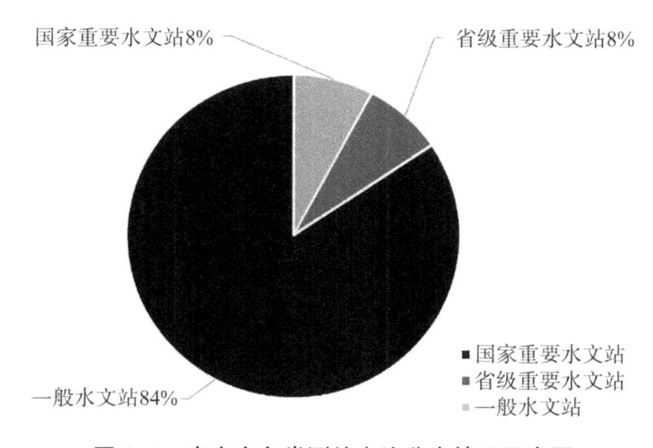

图 3-3　泰安市各类测站占比分布情况示意图

3.3.3.1　国家重要水文站

国家重要水文站包括：向国家防总报汛的大河控制站；承担国际水文水资源资料交换的站；流域面积大于 1 000 km^2 的出入境河流的把口站；集水面积大于 10 000 km^2 且正常年径流量大于 3 亿 m^3，集水面积大于 5 000 km^2 且正常年径流量大于 5 亿 m^3，集水面积大于 3000 km^2 且正常年径流量大于 10 亿 m^3，或正常年径流量大于 25 m^3 且库容大于 5 亿 m^3 的水库水文站；库容大于 1.0 亿 m^3，且下游有重要的城市、大型厂矿、铁路干线等对防汛有重要作用的水库水文站；库容大于 1.0 亿 m^3，水库为国家主要病险库的水库水文站；对防汛、水资源勘测评价、水质监测等有重大影响和位于重点产沙区的个别特殊基本水文站。

泰安市现有国家重要水文站 3 处，即戴村坝水文站、大汶口水文站、北望水文站，占站网总数的 8%。戴村坝水文站历史上经过三次迁站，于 1977 年 6 月迁至现在站址断面；大汶口水文站由临汶站于 2000 年 1 月 1 日迁站更名而来；北望水文站历史上也经过三次迁站，于 2013 年 1 月迁址至现断面。近几年经过大江大河及山东省水文设施工程建设项目，三大站设施设备现代化程度、测洪能力有了明显提高。在山东省水文中心及泰安市水文中心大力支持下，戴村坝、大汶口、北望水文站结合本地实际，突出重点，明确责任，细化措施，在全面落实水文测站规范化管理目标任务方面做了大量工作，规章制度更加完善，水文测报与整编更加规范严谨，设施设备管护到位，属站管理认真负责，站容站貌绿化美化到位，学习培训积极努力，文明创建及水文服务全面开展，新时期为水文事业的发展做出了新贡献。

3.3.3.2　省级重要水文站

省级重要水文站即向国家防总，流域、省、自治区、直辖市报汛部门报汛的区域代表站；国界河流、出入国境或省境河流上最靠近边界的基本水文站；对防汛、水资源勘测评价、水质监测等有较大影响的基本水文站。

泰安市现有省级重要水文站 3 处，即楼德水文站、黄前水库水文站和光明水库水文站，占站网总数的 8%。自从开展规范化水文站建设以来，在省、市水文中心的正确领导和关心支持下，这 3 站紧紧围绕《山东省水文测站工作考核暂行办法》等有关要求，不断加强测站自身建设，促使水文水资源监测能力和服务水平得到强有力的提升，树立了水文行业良好的窗口形象，发挥了强有力的技术支撑。

3.3.3.3　一般水文站

一般水文站即未选入国家和省级重要水文站的其他水文站，包括省级一般水文站、市管专用水文站。泰安市现有一般水文站33处(不含辅助站)，占站网总数的84%，为占比最大水文站类型，在水文监测中起着举足轻重的作用。

3.4　水文站网裁撤调整情况

水文站网是动态变化的，需要根据客观条件的变化和不同时期社会对水文信息的需求适时地进行优化调整。根据《水文站网规划技术导则》，大河控制站和为监测长周期气候演变引起的水文效应及分析人类活动对水文情势的影响而设立的基本水文站需要长期观测，一般不得裁撤；为探寻特定区域水文规律而设的区域代表站和小河站，在已收集了一定长度的水文资料系列，并能据此推求出稳定的水文规律时，可以裁撤或转移设站。在实际工作中，水文站网裁撤有主动和被动两种情况。主动裁撤是根据站网规划结果，对一些已达到设站目的、完成其使命的水文站有计划地进行裁撤；被动裁撤是因为一些水文站受水利工程影响失去原设站功能、环境变化不符合施测条件，或失去代表性及经费困难致使水文站无法正常运行、被移交给其他部门管理或其他情况等原因而不得不裁撤。新中国成立以后，1955年由水利部统一部署，泰安市进行了第一次水文站网规划工作，到1958年在泰安市初步建成基本水文站网。1965年、1974年、1983年在水利电力部水文局的统一部署和山东省水文总站组织领导下，泰安市分别进行了基本水文站网的分析验证和规划调整工作。

1959年，最早设立的南城子流量站，因下游河道封堤而停止测验，结束了其光荣的历史使命；1962年，撤销姚庄、东浊头流量站；1966年、1977年，戴村坝水文站先后两次迁址；1967年、1977年，杨郭流量站先后两次迁址，分别改名为曲柳沟水文站、白楼水文站。

20世纪80年代末至21世纪初，因经费投入等各种原因，泰安市进行站网精减或项目停测，对部分站点及监测项目进行微调。1986年，撤销金斗水库水文站(2011年恢复成为为工程服务的专用水文站)；1987年，谷里水文站迁址至新泰市楼德镇苗庄村并更名为楼德水文站，2016年重设谷里水文站为中小河流专用站；1992年，瑞谷庄水文站停测(2022年恢复)；1997年，白楼水文站停测(仅保留降雨观测，2017年恢复)；2000年，临汶水文站迁址至大汶口站镇卫驾庄村并更名为大汶口水文站；2002年，下港水文站停测(仅保留降雨观测，2022年恢复)。

3.5 具有一定资料系列长度的水文站数的变化趋势

3.5.1 水文站资料系列长度变化统计分析

分析研究水文站网中不同资料长度水文站数的构成及其变化趋势，对指导今后的水文站网规划和调整具有重要意义。建站历史悠久、拥有长期系列资料的水文测站是水文站网的宝贵财富。尤其是以一定数量的长期站为依托，辅以一定数量和适时更新的中期站（向中长期站过渡），并有能够持续增加的短期站做补充，是水文站网中不同资料长度水文站数的理想构成模式，将成为站网调整的指导方向。为进一步分析说明泰安市水文站网构成及演变过程，以新中国成立以来至2022年每5年为一个时段，资料长度以20年为一个区间，按短期、中期、中长期、长期分为四段，即资料长度为5年以下、5～25年、26～45年及45年以上，根据每个水文站的设站日期至每个时段节点以满足建站目的并收集资料在5年以下、5～25年、26～45年及45年以上的站数，分析不同资料系列长度水文站数随时间变化的情况。泰安市不同资料系列长度水文站构成统计见表3-6。

表3-6 泰安市不同资料系列长度水文站构成统计表 单位:处

年份	5年以下	5～25年	26～45年	45年以上
1950年	2			
1955年	4	2		
1960年	3	6		
1965年	4	7		
1970年	1	10		
1975年	3	10		
1980年	10	9	3	
1985年	5	17	4	
1990年	3	18	7	
1995年	1	20	7	
2000年	1	18	6	3
2005年	1	9	15	3
2010年	1	9	13	5
2015年	8	6	13	7

续表

年份	5 年以下	5～25 年	26～45 年	45 年以上
2020 年	19	10	14	7
2022 年	19	13	13	8

从统计表看，截止到 2022 年，泰安市有 45 年以上资料的水文站为 8 处，占水文站网总数的 15％；26～45 年中长期水文资料的水文站 13 处，占水文站网总数的 25％；5～25 年中期水文资料的水文站 13 处，占水文站网总数的 25％；5 年以下短期水文资料的水文站 19 处、占水文站网总数的 36％。1950 年至 2022 年不同资料系列长度水文站数随时间变化过程见图 3-4。

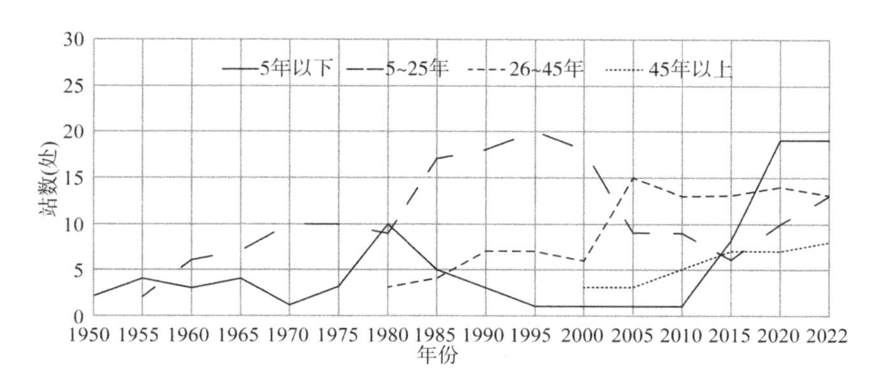

图 3-4　泰安市 1950—2022 年不同资料系列长度水文站变化过程示意图

从图中变化趋势可以分析看出，资料系列在 5 年以下的过程线：1950—1955 年水文站数量增加，表明新水文站的启动；1960—1970 年水文站数量波动，表明这个时期处在建设调整期；1970—1980 年水文站数量呈走高趋势，说明该时期水文站数量增加较快；1980—1995 年水文站数量持续减少，说明该时期又处在站网调整期，在站网基本骨架建成后，这种变化是正常的；1995—2010 年水文站数量没增加且呈水平直线状态，反映处于早期停测或撤站的冻结状态；2010—2020 年水文站数量呈走高趋势，说明该时期水文站数量增加较快。

资料系列为 5～25 年的水文站，从 1970 年开始新水文站的建设越来越多，早期的水文站开始逐渐成为中期站，该时期建成的水文站又为 1980—1995 年的持续走高提供动力，长时期水文站数量的变化不断转化为中长期资料。1995—2015 年趋势线走低并且跌幅较大，说明受 20 世纪 80—90 年代站网调整而转入中期的站数在减少，过快的跌速也反映了站网受正常调整之外因素的干扰，如经费层面的问题等。

26～45年资料长度的水文站，在1980—1990年间一直在持续走高，表明新中国成立初期水文站资料正转为中长期，1990—2000年没有变化反映了20世纪60年代调整时期的状况，2005—2022年基本没有变化表明这个时间段里水文站网主要依靠基本水文站在维持着。这些长期水文站的持续运行将对水文评价提供有价值的历史资料。在2000年后，资料长度为45年以上、5～25年、5年以下水文站数量均呈现上涨趋势，表明泰安市水文站网正迅速发展。随着社会经济的快速发展，涉水工程、防汛减灾、数字水利建设等对水文资料信息的需求将会更加密切。

3.5.2 水位站资料系列长度变化统计分析

泰安市在2011年前无水位站，山东省中小河流水文监测系统于2012年完工建设，2015年9月通过竣工验收，2016年投入运行。该项目的建设填补了山东省中小河流水文监测的空白，配备了一批现代化水文监测设备，培养了一批建设管理人才，积累了宝贵的建设管理经验，使山东省水文监测能力建设取得跨越式发展。项目自运行以来，在中小河流防洪减灾、水利工程运行调度、水资源开发利用管理、水生态环境保护等方面发挥了重要的作用，取得了显著的社会效益、经济效益和生态效益。

截至2022年，泰安地区水位站水位资料长度均在7年以下，水位站网总数逐渐趋于稳定，但仅维持现有站网，现有水位资料系列长度还无法满足社会发展对水文信息的更多需求。

3.5.3 雨量站资料系列长度变化统计分析

至目前，泰安市现运行雨量站147处，另曾运行、现已撤销或停测的雨量站20处，但尚有观测资料，它们构成了降雨量资料站网，合计共有167处。泰安市不同资料长度雨量站数构成统计详见表3-7。

表3-7 泰安市不同资料长度雨量站数构成统计表 单位：处

年份	5年以下	5～25年	26～45年	45年以上
1950年		2		
1955年	12	3		
1960年	5	14	1	
1965年	16	19	1	
1970年	7	33	2	

续表

年份	5 年以下	5～25 年	26～45 年	45 年以上
1975 年	3	39	2	
1980 年	7	31	10	1
1985 年	13	33	13	1
1990 年	4	32	22	2
1995 年	4	22	32	2
2000 年	4	20	26	10
2005 年	4	17	27	12
2010 年	4	14	20	22
2015 年	111	14	11	31
2020 年	4	121	9	33
2022 年	4	121	9	33

经统计，截止到 2022 年，泰安市有 5 年以下短期水文资料的雨量站 4 处，占雨量站总数的 2%；有 5～25 年中期水文资料的雨量站 121 处，占雨量站总数的 72%；有 26～45 年中长期水文资料的雨量站 9 处，占雨量站网总数的 5%；有 45 年以上长期水文资料的雨量站 33 处，占水文站网总数的 20%。把 1950—2022 年拥有资料长度为 45 年以上、26～45 年、5～25 年及 5 年以下不同资料系列长度的雨量站数随时间的变化绘制出过程示意图，详见图 3-5。

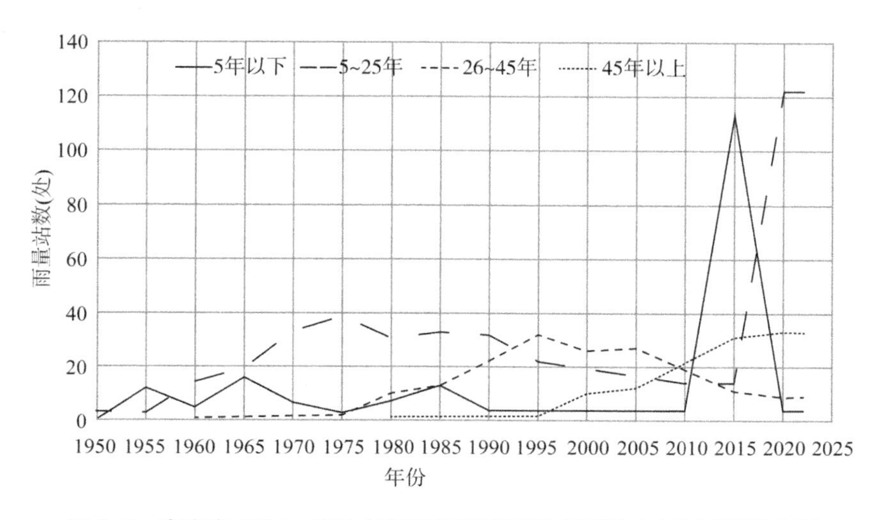

图 3-5　泰安市 1950—2022 年不同资料系列长度雨量站变化过程示意图

从图中变化趋势可以分析看出，资料系列在 5 年以下的过程线：1950—1955 年雨量站数量增加，表明处于新建雨量站的启动期；1960—1975 年雨量站数量波动，表明这个时期处在建设调整期；1975—1985 年雨量站数呈走高趋势，说明该时期雨量站数量增加较快；1990—2010 年雨量站没增加且呈水平直线状态，反映处于早期停测或撤站的冻结状态；2010—2015 年雨量站数量呈走高趋势，说明该时期雨量站数量增加较快。

资料系列为 5～25 年的雨量站数量，1955—1975 年随着雨量站建设调整，早期的雨量站开始逐渐成为中期站，为 1975—1995 年中长期水文资料站增长提供动力。1975—2010 年趋势线持续降低，说明雨量站数量一方面受 20 世纪 60—70 年代调整影响，另一方面又不断地向中长期水文资料的雨量站转换。

26～45 年资料长度的雨量站，在 1975—1995 年间一直在持续走高，表明新中国成立初期雨量站资料正转为中长期，1995 年后，资料长度在 45 年以上的雨量站呈现上涨趋势，表明泰安市早期以来基本雨量站持续发挥作用，并在不断地进行转换。在 2015 年，资料系列在 5 年以下的雨量站快速增加，说明 2015 年后泰安市新建雨量站网迅速发展，同时资料系列长度为 26～45 年的中长期雨量站减少，转化为资料系列长度为 45 年以上的长期雨量站。系列长度为 5～25 年的中期雨量站在 2015 年后得到发展，得益于 2010—2015 年间 5 年以下短期雨量站的建设。由此分析得知，泰安市雨量站网目前稳步发展，有为控制雨量特征值分布规律而设立的面雨量站(也称基本雨量站)，也有为分析中小河流降雨径流关系，而与小河站及区域代表站相配套而设立的点雨量站，形成了完备的雨量资料收集系统，能较详细地反映暴雨的时空变化，以便于探索降水量与径流之间的转化规律。

3.6 水文站网资料收集系统现状评价

水文测验是通过定位观测、巡回测验、水文调查等方式来收集各项水文要素资料。水文测验的主要内容，包括：科学地进行水文站网规划和站网调整；勘测设立水文测站，设置水文观测设施，配置测验仪器设备，并对水文测验设施设备进行维护、保养和进行必要的校测、校核；观测地表水位、地下水位，测验流量、泥沙(悬移质、推移质、河床质)，并进行泥沙颗粒分析；观测降水、蒸发、风速风向等气象要素；观测水温、冰情、土壤含水量；开展水质监测；进行河道、水库、湖泊等地形断面测量；开展水文调查，主要调查流域或区间发生的暴雨、洪水、泥石流、漫滩、决堤、溃坝、分洪、改道、滞洪、蓄洪、蓄水、引水、退水、断流、冰塞、冰坝、淤塞、水体污染等情况，收集有关资料，必要时进行现场测量和写出调查报告；及时分析、计算、整编水文资料，并报送水文信息资料。

水文测验是一项长期工作，开展此项工作必须设立相应的水文测验基础设施和设备来完成。泰安市水文信息采集、记录、传输方式总体上仍较原始，自动化程度还有待提高，加强水文资料收集系统现代化建设是今后的重点。其水文站网资料收集方式见表 3-8、表 3-9、表 3-10，对流量、水位、雨量、蒸发观测项目，如果数据记录方式和传输方式上选项栏一致，在相应栏中填“1”，如果不一致，按流量“2”、水位“3”、雨量“4”、蒸发“5”，分别在各自对应的数据记录和传输方式选项栏中注明。

3.6.1　水文站、水位站、雨量站信息采集装备配置

3.6.1.1　流量信息采集装备配置

流量指流动的物体在单位时间内通过某一截面的数量，反映江河的水资源状况及水库、湖泊等水量变化的基本资料，也是河流最重要的水文要素之一，通过流量测验能够获得江河径流和流量的瞬时变化资料。根据测站的渡河设施情况，流量测验方式可分为缆道测验、测船测验、测桥测验、吊船测验、涉水测验。

(1) 缆道测验。缆道测验是利用专门架设水文缆道进行的测验。水文缆道是为把水文测验仪器运送到测验断面内任一指定起点距和垂线测点，以进行测验作业而架设的可水平和铅直方向移动的跨河索道系统。水文缆道又分为悬索缆道、悬杆缆道、水文缆车和浮标缆道(也称浮标投掷器)。悬索缆道是用柔性悬索悬吊测量仪器设备的水文缆道。悬杆缆道是用刚性悬杆悬吊测量仪器设备的水文缆道。水文缆车是悬吊在水文缆道行车上，用来承载人员设备并能在测量断面任一垂线水面附近进行测验作业的设备。水文缆道根据其采用的驱动力，又分为电动缆道、机动缆道和手动缆道。

(2) 测船测验。测船测验是利用测船为主要渡河和运载工具进行的测验，简称船测。水文测船是配备了水文测验设备，用来进行水文测验作业的专用船。水文测船根据是否使用动力又分为机动测船和无动力测船。

(3) 测桥测验。测桥测验是利用水文桥梁开展的水文测验，简称桥测。水文测桥是进行水文测验作业的工作桥，其包括已建立的交通桥梁，也可以是为水文测验专门建立的测桥。桥测可使用桥测车或专用的桥测设备。

表 3-8 泰安市水文站网资料收集方式

序号	测站名称	测验项目				测流方式									测水位方式						记录方式				传输方式			
						缆道				测船		水工建筑物	ADCP	其他											自动			人工
		流量	水位	降水	蒸发	自动控制	机动	手摇	缆车或吊箱	机动	非机动				浮子	超声波	压力式	电子水尺	气泡	水尺	自动测报	普通自记	固态存储	人工观读	有线	卫星	无线电	人工数传
1	戴村坝	1	1	1	1	1							1	1	1					1			34	1			34	23
2	北望	1	1	1									1	1		1				1			34	1			34	23
3	大汶口	1	1	1	1								1	1		1				1			34	1			34	23
4	谷里	1	1		1								1	1	1					1			3	23			3	23
5	黄前水库	1	1	1	1	1								1			1		1	1			34	1			34	23
6	金斗水库	1	1	1										1		1				1			34	23			34	23
7	光明水库	1	1	1		1								1	1					1			34	1			34	23
8	东周水库	1	1	1	1	1								1	1					1			34	1			34	23
9	白楼	1	1	1			1						1	1	1					1			34	1			34	23
10	下港	1	1	1										1	2					1			34	23			34	23
11	瑞谷庄	1	1										1	1		1				1			3	23			3	23
12	楼德	1	1	1									1	1		1				1			34	1			34	23
13	彩山水库	1	1	1										1	1					1			34	23			34	23
14	小安门水库	1	1	1										1	1					1			34	23			34	23
15	角峪水库	1	1	1										1	1					1			34	23			34	23
16	贤村水库	1	1	1										1	1					1			34	23			34	23

续表

序号	测站名称	测验项目				测流方式									测水位方式						记录方式				传输方式			
						缆道				测船		水工建筑物	ADCP	其他											自动			人工
		流量	水位	降水	蒸发	自动控制	机动	手摇	缆车或吊箱	机动	非机动				浮子	超声波	压力式	电子水尺	气泡	水尺	自动测报	普通自记	固态存储	人工观读	有线	卫星	无线电	人工数传
17	山阳水库	1	1	1										1	1					1			34	23			34	23
18	苇池水库	1	1	1										1	1					1			34	23			34	23
19	胜利水库	1	1	1										1	1					1			34	23			34	23
20	大河	1	1	1										1		1				1			34	23			34	23
21	直界	1	1	1										1					1	1			34	23			34	23
22	尚庄炉	1	1	1	1									1	1					1			34	23			34	23
23	翟家岭	1	1											1						1			3	23			3	23
24	邱家店	1	1	1									1	1	1					1			34	23			34	23
25	邢家寨	1	1	1	1								1	1	1					1			34	23			34	23
26	祝福庄	1	1	1										1					1	1			34	23			34	23
27	石河庄	1	1	1										1					1	1			34	23			34	23
28	杨庄	1	1	1										1					1	1			34	23			34	23
29	郑家庄	1	1	1									1	1	1					1			34	23			34	23
30	马庄	1	1	1									1	1	1					1			34	23			34	23
31	东王庄	1	1	1									1	1	1					1			34	23			34	23
32	石坞	1	1	1										1						1			34	23			34	23

续表

序号	测站名称	测验项目				测流方式									测水位方式						记录方式				传输方式			
						缆道				测船		水工建筑物	ADCP	其他											自动			人工
		流量	水位	降水	蒸发	自动控制	机动	手摇	缆车或吊箱	机动	非机动				浮子	超声波	压力式	电子水尺	气泡	水尺	自动测报	普通自记	固态存储	人工观读	有线	卫星	无线电	人工数传
33	席桥	1	1	1	1								1	1	1					1			34	23			34	23
34	太平屯	1	1	1									1	1	1					1			34	23			34	23
35	吴桃园	1	1	1									1	1	1					1			34	23			34	23
36	宁阳	1	1	1									1	1	1					1			34	23			34	23
37	月牙河水库	1	1	1										1	1					1			34	23			34	23
38	田村水库	1	1	1										1	1								34	23			34	23
39	白云寺	1	1											1		1				1			3	23			3	23
40	大汶口南灌渠	1	1											1		1				1				2			3	
41	大汶口北灌渠	1	1											1						1				2				
42	泰安	1	1											1						1				2				
43	颜谢	1	1											1						1				2				
44	砖舍	1	1											1						1				2				
45	堽城坝	1	1											1						1				2				
46	琵琶山	1	1											1						1				2				
47	松山	1	1											1						1				2				
48	南城子	1	1											1						1				2				

续表

序号	测站名称	测验项目-流量	测验项目-水位	测验项目-降水	测验项目-蒸发	测流方式-缆道-自动控制	测流方式-缆道-机动	测流方式-缆道-手摇	测流方式-缆道-缆车或吊箱	测流方式-测船-机动	测流方式-测船-非机动	测流方式-水工建筑物	测流方式-ADCP	测流方式-其他	测水位方式-浮子	测水位方式-超声波	测水位方式-压力式	测水位方式-电子水尺	测水位方式-气泡	测水位方式-水尺	记录方式-自动测报	记录方式-普通自记	记录方式-固态存储	记录方式-人工观读	传输方式-自动-有线	传输方式-自动-卫星	传输方式-自动-无线电	传输方式-人工-人工数传
49	龙门口水库	1	1											1						1				2				
50	龙池庙水库	1	1											1						1				2				
51	松山(东)	1	1											1						1				2				
52	角峪	1	1										1	1						1				2				

表 3-9　泰安市水位站网资料收集方式

序号	测站/断面名称	测验项目								测水位方式					记录方式				传输方式				
																			自动			人工	
		水位	降水	蒸发	水质	地下水	水温	冰情	墒情	浮子	超声波	压力式	电子水尺	水尺	自动测报	普通自记	固态存储	人工观读	有线	卫星	无线电	话传	人工数传
1	角峪桥	1									1			1			3	3			3		3
2	瀛汶河引水闸	1	1							1				1			34	3			34		3
3	石汶河引水闸	1									1			1			3	3			3		3
4	刘家庄	1	1									1		1			34	3			34		3
5	奈河	1	1								1			1			34	3			34		3
6	梳洗河	1	1								1			1			34	3			34		3
7	碧霞湖	1	1							1				1			34	3			34		3
8	张庄	1	1								1			1			34	3			34		3
9	小协拦河坝	1									1			1			3	3			3		3
10	北师	1									1			1			3	3			3		3
11	果园	1	1								1			1			34	3			34		3
12	康汇桥	1									1			1			3	3			3		3
13	洸河桥	1	1								1			1			34	3			34		3
14	岳家庄	1	1								1			1			34	3			34		3
15	龙庭	1									1			1			3	3			3		3

表 3-10　泰安市雨量站网资料收集方式

序号	站名	测验项目		记录方式				传输方式				序号	站名	测验项目		记录方式				传输方式			
								自动			人工									自动			人工
		降水	蒸发	自动测报	普通自记	固态存储	人工观读	有线	卫星	无线电				降水	蒸发	自动测报	普通自记	固态存储	人工观读	有线	卫星	无线电	
1	泰安	1				1	1			1		17	关山头	1				1	1			1	
2	肥城	1				1	1			1		18	岔河	1				1	1			1	
3	盘车沟	1				1	1			1		19	葛石	1				1	1			1	
4	纸坊	1				1	1			1		20	彭家峪	1				1	1			1	
5	范家镇	1				1	1			1		21	石横	1				1	1			1	
6	羊流店	1				1	1			1		22	二十里铺	1				1	1			1	
7	宁阳	1				1	1			1		23	天宝	1				1	1			1	
8	大羊集	1				1	1			1		24	龙廷	1				1	1			1	
9	杨郭	1				1	1			1		25	南驿	1				1	1			1	
10	夏张	1				1	1			1		26	安驾庄	1				1	1			1	
11	道朗	1				1	1			1		27	安乐村	1				1	1			1	
12	泰前	1				1	1			1		28	翟镇	1				1	1			1	
13	石莱	1				1	1			1		29	马尾山	1				1	1			1	
14	银山	1				1	1			1		30	西戴村	1				1	1			1	
15	西麻塔	1				1	1			1		31	乡饮	1				1	1			1	
16	安临站	1				1	1			1		32	汶南	1				1	1			1	

续表

序号	站名	测验项目		记录方式				传输方式				序号	站名	测验项目		记录方式				传输方式			
								自动			人工									自动			人工
		降水	蒸发	自动测报	普通自记	固态存储	人工观读	有线	卫星	无线电				降水	蒸发	自动测报	普通自记	固态存储	人工观读	有线	卫星	无线电	
33	放城	1				1	1			1		50	马头庄	1				1	1			1	
34	石坞	1				1	1			1		51	北单家庄	1				1	1			1	
35	古石官庄	1				1	1			1		52	大雌山	1				1	1			1	
36	徂徕	1				1	1			1		53	朝东庄	1				1	1			1	
37	勤村	1				1	1			1		54	赵峪水库	1				1				1	
38	保安庄	1				1	1			1		55	黄巢观	1				1				1	
39	小柳杭	1				1	1			1		56	陈家峪水库	1				1				1	
40	杨家庄	1				1	1			1		57	松罗峪水库	1				1				1	
41	八亩地	1				1	1			1		58	大岭沟水库	1				1				1	
42	辛庄	1				1	1			1		59	石屋志	1				1				1	
43	西南峪	1				1	1			1		60	小牛山口水库	1				1				1	
44	黄泊峪	1				1	1			1		61	药乡水库	1				1				1	
45	王家庄											62	李子峪水库	1				1				1	
46	黄崖口	1				1	1			1		63	大津口	1				1				1	
47	高胡庄	1				1	1			1		64	栗杭水库	1				1				1	
48	北马庄	1				1	1			1		65	黄前镇政府	1				1				1	
49	赵家庄	1				1	1			1		66	水峪水库	1				1				1	

续表

序号	站名	测验项目		记录方式				传输方式			
		降水	蒸发	自动测报	普通自记	固态存储	人工观读	自动			人工
								有线	卫星	无线电	
67	徂徕水库	1				1				1	
68	周王庄	1				1				1	
69	珂路山水库	1				1				1	
70	上高	1				1				1	
71	省庄	1				1				1	
72	经石峪	1				1				1	
73	泰前街道办	1				1				1	
74	樱桃园	1				1				1	
75	泰汶路桥	1				1				1	
76	徐家楼	1				1				1	
77	小寺水库	1				1				1	
78	黄石崖水库	1				1				1	
79	岙山东水库	1				1				1	
80	李家楼	1				1				1	
81	东鲁庄	1				1				1	
82	韩家庄	1				1				1	
83	东都镇	1				1				1	

序号	站名	测验项目		记录方式				传输方式			
		降水	蒸发	自动测报	普通自记	固态存储	人工观读	自动			人工
								有线	卫星	无线电	
84	旋崮河水库	1				1				1	
85	西峪	1				1				1	
86	前孤山	1				1				1	
87	西周水库	1				1				1	
88	新泰市水利局	1				1				1	
89	西周	1				1				1	
90	新汶镇	1				1				1	
91	下演马水库	1				1				1	
92	万家村	1				1				1	
93	泉沟镇	1				1				1	
94	上河	1				1				1	
95	西张庄镇	1				1				1	
96	谷里镇	1				1				1	
97	果都镇	1				1				1	
98	北王村	1				1				1	
99	高南村	1				1				1	
100	宫里镇	1				1				1	

续表

序号	站名	测验项目		记录方式				传输方式				序号	站名	测验项目		记录方式				传输方式			
								自动			人工									自动			人工
		降水	蒸发	自动测报	普通自记	固态存储	人工观读	有线	卫星	无线电				降水	蒸发	自动测报	普通自记	固态存储	人工观读	有线	卫星	无线电	
101	西峪水库	1				1				1		118	罗汉村	1				1				1	
102	西朴里村	1				1				1		119	南栾	1				1				1	
103	南孙家泉	1				1				1		120	房庄水库	1				1				1	
104	红花峪水库	1				1				1		121	潮泉	1				1				1	
105	禹村镇	1				1				1		122	栲山水库	1				1				1	
106	西贤村	1				1				1		123	牛山	1				1				1	
107	华丰	1				1				1		124	涧北	1				1				1	
108	蒋集	1				1				1		125	对福山	1				1				1	
109	响水河水库	1				1				1		126	桃园	1				1				1	
110	郭家小庄	1				1				1		127	王庄镇	1				1				1	
111	鸡鸣返水库	1				1				1		128	老城	1				1				1	
112	南白楼水库	1				1				1		129	一担土	1				1				1	
113	大尚	1				1				1		130	井仓	1				1				1	
114	河西	1				1				1		131	宿城	1				1				1	
115	鹤山	1				1				1		132	梯门	1				1				1	
116	董南阳	1				1				1		133	旧县	1				1				1	
117	孙伯	1				1				1		134	斑鸠店镇	1				1				1	

续表

序号	站名	测验项目		记录方式				传输方式				序号	站名	测验项目		记录方式				传输方式			
								自动			人工									自动			人工
		降水	蒸发	自动测报	普通自记	固态存储	人工观读	有线	卫星	无线电				降水	蒸发	自动测报	普通自记	固态存储	人工观读	有线	卫星	无线电	
135	小商庄	1				1				1		142	伏山	1				1				1	
136	州城	1				1				1		143	宁阳建行	1				1				1	
137	新湖	1				1				1		144	宁阳联通	1				1				1	
138	前河涯	1				1				1		145	文庙	1				1				1	
139	沙河	1				1				1		146	上峪水库	1				1				1	
140	彭集	1				1				1		147	东疏	1				1				1	
141	堽城	1				1				1													

（4）吊船测验。吊船测验是由吊船过河索和测船组成的综合测验设施。这种吊船过河索较缆道测验悬索简单，是架设在测验断面上，能牵引测船做横向运动，并使测船固定在沿测验断面上的跨河钢索。

（5）涉水测验。涉水测验是测验人员在防水衣的保护下直接涉水开展测验。

泰安市水文（流量）测验断面包括水库溢洪道、输水渠断面、河道断面及引汶渠首断面，共68处，同一测站可存在多种测流方式进行流量测验。经统计，采用缆道测流方式的断面有5处，包括戴村坝、白楼2处河道站和光明水库、东周水库、黄前水库3处水库溢洪道断面的流量监测，占总测流断面的7%；采用多普勒剖面流速仪（ADCP）测流方式的有17处，占总测流断面的25%；采用其他测流方式的有46处，占总测流断面的68%。在流量测验中，没有采用测船测流和水工建筑物测流这两种方式。

从目前所采用的流量测验方式统计看，除少数断面采用缆道测流外，其他大部分采用车载流速仪桥测法以及枯水期人工涉水法进行测流。近两年，在线流量自动监测设备已在戴村坝、大汶口、北望3处河道站得到了推广应用，正在推进对比分析和率定工作，水文测验的自动化、现代化程度还有待进一步加强建设。

3.6.1.2　水位信息采集装备配置

水位是反映水体水流变化的水力要素和重要标志，是水文测验中最基本的观测要素，是水文测站常规的观测项目。水位是防汛、抗旱、水资源调度管理、水利工程管理运行等工作的重要依据和重要资料，是掌握水文情况和进行水文预报的依据。由于水位常被用于推求其他水文要素，因此水位观测的漏测或观测误差，可能会引起其他有关水文要素推求的困难或误差，可见水位的观测十分重要，需要认真对待。在实际工作中，还要不断积累和总结水位观测的技术经验。

水位的观测设备可分为直接观测设备（也称人工观测设备）和间接观测设备两大类。直接观测设备主要是指各种传统水尺。水尺是观测河流或其他水体水位的标尺。由人工直接观测水尺读数，加水尺零点高程即得水位。水尺是每个水位测量点必需的水位测量设备，是水位测量基准值的来源。一个水位测量点的水位约定真值都是依靠人工观读水尺取得的，所有其他水位仪器的水位校核都以水尺读数为依据。在一些不能安装自记式水位计的测量点，观读水尺更是唯一测量水位的方法。水尺设备简单，使用方便，但需要人工观读，工作量大。水尺主要形式有立式、倾斜式、矮桩式、悬锤式等几种。

间接观测设备是利用机械、电子、压力等传感器的感应作用，间接反映水位变化。间接观测设备构造复杂，技术要求高，但无须人员值守，工作量小，可以实现水位自动连续记录，是实现水位观测自动化的重要条件。间接观测设备也称为自记水位计。目前使用的自记水位计主要有浮子水位计、压力水位计、超声波水位计（又有液介式和气介式之分）、微波（雷达）水位计、电子水尺、激光水位计等。其中，浮子水位计、压力水位计、液介式超声水位计、电子水尺等仪器，在测量时采集器直接与水体接触，又称为接触式测量仪器。而气介式超声水位计、微波（雷达）水位计、激光水位计等仪器，测量时不与水体接触，又称为非接触式测量仪器。

泰安市现状水文站、水位站中有水位观测项目的断面共计 83 处，同时均布设了水尺，全部为直立式水尺。在所有断面上有自记水位计的 55 处，占总水位观测断面的 66%，其中：浮子式 28 处，占总水位观测断面的 34%；雷达式 20 处，占总断面的 24%。已建设的遥测自记水位计，经过几年的运行正在推进水位信息的正式上报工作。目前，泰安市自记水位计还没有实现全覆盖。

3.6.1.3 雨量信息采集装备配置

目前，泰安范围内布设的雨量设备均为翻斗式雨量计。翻斗式雨量计是一种以承雨翻斗交替翻转的次数计量雨量的，可自动测量、采集、存储降水资料的较为成熟的仪器。其测量器为两个三角形翻斗，每次只有其中的一个翻斗正对受雨器的漏水口，当翻斗盛满 0.2 或 0.5 mm 降雨时，其由于重心外移而倾倒，将斗中的降水倒出，同时使另一个翻斗对准漏水口，翻斗交替的次数和间隔时间会被自动记录下来。该仪器可以用于远程遥测记录雨量，并快速显示出当日的雨量值和时段值，其数据可以在防汛指挥系统与测站的仪器上同步反映，不受室外条件的影响。

普通自记雨量计是自动记录液态降水物的数量、强度变化和起止时间的仪器。它由承水器（通常口径为 20 cm）、浮子室、自记钟和虹吸管等组成。在承雨器下有一浮子室，室内装一浮子与上面的自记笔尖相连。雨水流入筒内，浮子随之上升，同时带动浮子杆上的自记笔上抬，在转动钟筒的自记纸上绘出一条随时间变化的降水量上升曲线。当浮子室内的水位达到虹吸管的顶部时，虹吸管便将浮子室内的雨水在短时间内迅速排出而完成一次虹吸。虹吸一次雨量为 10 mm。如果降水现象继续，则又重复上述过程。由此可以看出一次降水过程的强度变化、起止时间，并算出降水量。自记曲线的坡度可以表示降水强度。由于虹吸过程中落入雨量计的降水也随之一起排出，因此要求虹吸排水时间尽量快，以减少测量误差[7]。

泰安市有降水观测项目的雨量站共192处，其中基本水文站有9处（瑞谷庄站无雨量项目）、40处为基本雨量站（含金斗水库水文站撤销而保留的基本雨量站），均辅以人工观测做对照检查，提高了雨量观测的精度。雨量记录均采用固态存储的方式，全市192处降雨量已100%实现自动遥测采集传输。

从流量、水位、雨量的采集记录方式分析中可以看出，整个流域水文信息的记录方式除雨量记录均采用固态存储外，流量采集记录方式主要依靠人工记录，自动化程度低。尽管有55处自记水位计采用传感器，占总水尺断面的66%，但在枯水期或平水期，部分水位计因河道治理、主流改变等原因，不能观测到河道低水水位，致使不能正常采集水位信息，故水位数据的采集仍是采用人工数传结合自动采集的方式。

3.6.2 水文站、水位站、雨量站信息传输装备配置

山洪灾害的发生给人民群众的生命和财产安全造成了极大的威胁，如何做好防灾减灾工作成了一个值得研究的问题。为此，就须运用现代科技建立雨水情信息采集、传输平台，及时、准确地将水文信息报送至指挥中心[8]。

我国水文水资源信息化建设，最早于20世纪70年代发展起来，开始主要是靠引进国外先进技术来实现。随着我国科学技术的不断发展，通信技术、电子技术、计算机技术不断进步，推动了遥感技术、遥测技术的发展，这些技术在我国独立自主研究水文信息系统现代化的过程中发挥了重要的作用。面对如此庞大的水文水资源信息数据，必须要先建立一个数据、信息[9]传输网络。

3.6.2.1 流量信息传输装备配置

流量信息传输方式主要有无线电、有线、卫星、人工数传。在68处水文（流量）测验断面中，流量数据的传输方式主要以人工数传为主。

3.6.2.2 水位信息传输装备配置

水位信息传输方式主要有无线电、有线、卫星、人工数传。在83处水位观测项目中，可以采用无线数传的自记水位计为55处，占总水尺断面的66%，但在枯水期或平水期部分水位计因河道治理、主流改变等原因，不能观测到河道低水水位，致使不能正常传输水位信息，故水位数据的传输方式还是以人工数传为主导，仅在中央报汛站和部分省级重要站基本实现无线传输。

3.6.2.3　雨量信息传输装备配置

雨量信息传输方式主要有无线电、有线、卫星、人工数传。在192处降水观测项目中，雨量信息传输全部实现了无线传输。

综上所述，泰安市流量信息传输主要依靠人工数传，先进的、保障率较高的设备所占比重较小；水位信息传输是以人工数传为主，仅部分报汛站实现无线传输；雨量信息全部实现了无线传输。

3.6.3　信息采集、传输与分析处理评价

3.6.3.1　流量信息采集、传输与分析处理评价

泰安市水文（流量）测验断面共68处，采用缆道测流方式的断面占总测流断面的7%，采用多普勒剖面流速仪（ADCP）测流方式的占25%，采用其他测流方式的占68%。从目前所采用的流量测验方式统计看，除少数断面采用缆道测流、ADCP外，其他大部分采用车载流速仪桥测法以及枯水期人工涉水法进行测流。近两年，在大汶河干流河道上的戴村坝、大汶口、北望3处重要水文站，引进并应用了在线流量自动监测设备，对自动化仪器设备在报汛、测验、整编中的实用性还在进行分析对比，整体而言，流量测验的信息采集、传输流量数据的传输方式还主要以人工数传为主，装备的自动化、现代化程度还有待进一步加强建设。

3.6.3.2　水位信息采集、传输与分析处理评价

泰安市现有水位观测断面83处，采用自记水位计的55处，占总水位观测断面的67%，遥测自记水位还没有实现全覆盖；虽然55处遥测自记水位计可以采用无线数传，但在枯水期或平水期部分水位计因河道治理、主流改变等原因，不能观测到河道低水水位，致使不能正常传输水位信息，其传输方式还是以人工数传为主，仅有中央报汛站和部分省级重要站基本实现无线传输。因此应加快水文自动化系统的建设，实现测报自动化，提高信息采集、传输的时效性，为防汛抗旱决策提供重要的参考依据。

3.6.3.3　雨量信息采集、传输与分析处理评价

泰安市192处降水监测项目全部实现了雨量固态存储、遥测采集、自动传输。其中，基本雨量站均辅以人工观测做对照检查，提高了雨量观测的精度。

3.7 水文测验方式与站队结合基地建设

3.7.1 水文站网测验方式

水文测站的测验方式主要有驻测、巡测、遥测、间测、检测、校测、委托观测等，具体采用什么测验方式要根据测站的运行管理情况确定。

（1）驻测。驻测是水文专业人员驻站进行水文测报的作业方式。驻测是目前我国采用的主要测验方式，而发达国家几乎不采用驻测，以巡测和遥测为主。

（2）巡测。巡测是水文专业人员以巡回流动的方式定期或不定期地对各地区或流域内各观测点的流量等水文要素进行的观测作业。

（3）遥测。遥测是以有线或无线通信方式，将现场的水文要素的自动观测值传送至室内的技术和作业。

（4）间测。间测是水文测站资料经分析证明两水文要素（如水位流量）间历年关系稳定或其变化在允许误差范围内，对其中一要素（如流量）停测一段时期后再行施测的测停相间的测验方式。

（5）检测。检测是在间测期间对两水文要素稳定关系所进行的检验测验。

（6）校测。校测是按一定技术要求对水文测站基本设施的位置高程控制点及水位流量关系等所进行的校正测量作业。

（7）委托观测。委托观测是为收集水文要素资料，委托当地具有一定业务素质的兼职人员所进行的观测作业。

泰安市水文站测验方式见表3-11、表3-12、表3-13。

3.7.1.1 水文站

泰安市水文（流量）测验断面包括16座水库站溢洪道和输水洞的出库断面、24个河道断面和12个引汶渠首断面，共68个。其中驻测断面14个，占21%；巡测断面54个，占79%。水位流量关系曲线呈单一断面的有35个，占测验断面总数的51%。其中，设站30年以上的有24个，占流量站的46%。除辅助站没有报汛任务外，在基本水文站中有7个驻测站为中央报汛站，白楼水文站和13处中型水库专用站为省级报汛站，其他为一般报汛站。有洪水预报及发布任务的4站，分别为戴村坝、大汶口、黄前水库和光明水库。

表 3-11 泰安市水文站测验方式一览表

序号	测站名称	测验项目													测验方式			人员	
		流量	水位	潮位	降水	蒸发	水质	输沙率	颗分	水温	冰情	辅助气象	地下水	墒情	常年驻测	汛期驻测	巡测	在站人员	其中正式员工
1	戴村坝	1	1		1	1	1	1			1		1	1	1			8	4
2	北望	1	1		1		1				1		1	1	1			7	5
3	大汶口	1	1		1	1	1	1			1		1	1	1			8	4
4	黄前水库	1	1		1	1	1				1			1	1			4	2
5	光明水库	1	1		1		1				1				1			5	1
6	东周水库	1	1		1	1	1				1			1	1			5	1
7	白楼	1	1		1		1				1			1	1			5	5
8	下港	1	1		1											1		4	1
9	瑞谷庄	1	1														1		
10	楼德	1	1		1		1	1			1		1	1	1			8	1
11	谷里	1	1			1											1		
12	金斗水库	1	1		1												1		
13	大河	1	1		1												1		
14	直界	1	1		1												1		
15	尚庄炉	1	1		1	1											1		
16	翟家岭	1	1														1		
17	邱家店	1	1		1												1		
18	邢家寨	1	1		1	1		1									1		
19	祝福庄	1	1		1												1		
20	石河庄	1	1		1												1		
21	杨庄	1	1		1												1		
22	郑家庄	1	1		1												1		
23	马庄	1	1		1												1		
24	东王庄	1	1		1												1		
25	石坞	1	1		1												1		
26	席桥	1	1		1	1											1		
27	太平屯	1	1		1												1		
28	吴桃园	1	1		1												1		
29	宁阳	1	1		1			1									1		

续表

序号	测站名称	测验项目													测验方式			人员	
		流量	水位	潮位	降水	蒸发	水质	输沙率	颗分	水温	冰情	辅助气象	地下水	墒情	常年驻测	汛期驻测	巡测	在站人员	其中正式员工
30	彩山水库	1	1		1												1		
31	小安门水库	1	1		1												1		
32	角峪水库	1	1		1												1		
33	贤村水库	1	1		1												1		
34	山阳水库	1	1		1												1		
35	苇池水库	1	1		1												1		
36	胜利水库	1	1		1												1		
37	月牙河水库	1	1		1												1		
38	田村水库	1	1		1												1		
39	白云寺	1	1		1												1		
40	大汶口南灌渠	1	1														1		
41	大汶口北灌渠	1	1														1		
42	泰安	1	1														1		
43	颜谢	1	1														1		
44	砖舍	1	1														1		
45	堽城坝	1	1														1		
46	琵琶山	1	1														1		
47	松山	1	1														1		
48	南城子	1	1														1		
49	龙门口水库	1	1														1		
50	龙池庙水库	1	1														1		
51	松山(东)	1	1														1		
52	角峪	1	1														1		

表 3-12 泰安市水位站测验方式一览表

序号	测站名称	测验项目								测验方式				人员	
		水位	降水	蒸发	水质	地下水	水温	冰情	墒情	常年驻测	汛期驻测	巡测	委托	在站人员	其中正式职工
1	角峪桥	1											1		
2	瀛汶河引水闸	1	1										1		

续表

序号	测站名称	测验项目								测验方式				人员	
		水位	降水	蒸发	水质	地下水	水温	冰情	墒情	常年驻测	汛期驻测	巡测	委托	在站人员	其中正式职工
3	石汶河引水闸	1											1		
4	刘家庄	1	1										1		
5	奈河	1	1										1		
6	梳洗河	1	1										1		
7	碧霞湖	1	1										1		
8	张庄	1	1										1		
9	小协拦河坝	1											1		
10	北师	1											1		
11	果园	1	1										1		
12	康汇桥	1											1		
13	洸河桥	1	1										1		
14	岳家庄	1	1										1		
15	龙庭	1											1		

表 3-13 泰安市雨量站测验方式一览表

序号	站名	测验项目		测验方式			人员		序号	站名	测验项目		测验方式			人员	
		降水	蒸发	驻测	巡测	委托	正式职工	委托员			降水	蒸发	驻测	巡测	委托	正式职工	委托员
1	泰安	1				1		1	13	石莱	1				1		1
2	肥城	1				1		1	14	银山	1				1		1
3	盘车沟	1				1		1	15	西麻塔	1				1		1
4	纸坊	1				1		1	16	安临站	1				1		1
5	范家镇	1				1		1	17	关山头	1				1		1
6	羊流店	1				1		1	18	岔河	1				1		1
7	宁阳	1				1		1	19	葛石	1				1		1
8	大羊集	1				1		1	20	彭家峪	1				1		1
9	杨郭	1				1		1	21	石横	1				1		1
10	夏张	1				1		1	22	二十里铺	1				1		1
11	道朗	1				1		1	23	天宝	1				1		1
12	泰前	1				1		1	24	龙廷	1				1		1

续表

序号	站名	测验项目		测验方式			人员	
		降水	蒸发	驻测	巡测	委托	正式职工	委托员
25	南驿	1				1		1
26	安驾庄	1				1		1
27	安乐村	1				1		1
28	翟镇	1				1		1
29	马尾山	1				1		1
30	西戴村	1				1		1
31	乡饮	1				1		1
32	汶南	1				1		1
33	放城	1				1		1
34	石坞	1				1		1
35	古石官庄	1				1		1
36	徂徕	1				1		1
37	勤村	1				1		1
38	保安庄	1				1		1
39	小柳杭	1				1		1
40	杨家庄	1				1		1
41	八亩地	1				1		1
42	辛庄	1				1		1
43	西南峪	1				1		1
44	黄泊峪	1				1		1
45	王家庄	1				1		1
46	黄崖口	1				1		1
47	高胡庄	1				1		1
48	北马庄	1				1		1
49	赵家庄	1				1		1
50	马头庄	1				1		1
51	北单家庄	1				1		1
52	大雌山	1				1		1
53	朝东庄	1				1		1
54	赵峪水库	1				1		1
55	黄巢观	1				1		1
56	陈家峪水库	1				1		1
57	松罗峪水库	1				1		1
58	大岭沟水库	1				1		1
59	石屋志	1				1		1
60	小牛山口水库	1				1		1
61	药乡水库	1				1		1
62	李子峪水库	1				1		1
63	大津口	1				1		1
64	栗杭水库	1				1		1
65	黄前镇政府	1				1		1
66	水峪水库	1				1		1
67	徂徕水库	1				1		1
68	周王庄	1				1		1
69	珂珞山水库	1				1		1
70	上高	1				1		1
71	省庄	1				1		1
72	经石峪	1				1		1
73	泰前街道办	1				1		1
74	樱桃园	1				1		1
75	泰汶路桥	1				1		1
76	徐家楼	1				1		1
77	小寺水库	1				1		1
78	黄石崖水库	1				1		1
79	岙山东水库	1				1		1
80	李家楼	1				1		1
81	东鲁庄	1				1		1
82	韩家庄	1				1		1

续表

序号	站名	测验项目		测验方式			人员		序号	站名	测验项目		测验方式			人员	
		降水	蒸发	驻测	巡测	委托	正式职工	委托员			降水	蒸发	驻测	巡测	委托	正式职工	委托员
83	东都镇	1				1		1	112	大尚	1				1		1
84	旋崮河水库	1				1		1	113	河西	1				1		1
85	西峪	1				1		1	114	鹤山	1				1		1
86	前孤山	1				1		1	115	董南阳	1				1		1
87	西周水库	1				1		1	116	孙伯	1				1		1
88	新泰市水利局	1				1		1	117	罗汉村	1				1		1
89	西周	1				1		1	118	南栾	1				1		1
90	新汶镇	1				1		1	119	房庄水库	1				1		1
91	下演马水库	1				1		1	120	潮泉	1				1		1
92	万家村	1				1		1	121	栲山水库	1				1		1
93	泉沟镇	1				1		1	122	牛山	1				1		1
94	上河	1				1		1	123	涧北	1				1		1
95	西张庄镇	1				1		1	124	对福山	1				1		1
96	谷里镇	1				1		1	125	桃园	1				1		1
97	果都镇	1				1		1	126	王庄镇	1				1		1
98	北王村	1				1		1	127	老城	1				1		1
99	高南村	1				1		1	128	一担土	1				1		1
100	宫里镇	1				1		1	129	井仓	1				1		1
101	西峪水库	1				1		1	130	宿城	1				1		1
102	西朴里村	1				1		1	131	梯门	1				1		1
103	红花峪水库	1				1		1	132	旧县	1				1		1
104	禹村镇	1				1		1	133	斑鸠店镇	1				1		1
105	西贤村	1				1		1	134	小商庄	1				1		1
106	华丰	1				1		1	135	州城	1				1		1
107	蒋集	1				1		1	136	新湖	1				1		1
108	响水河水库	1				1		1	137	前河涯	1				1		1
109	郭家小庄	1				1		1	138	沙河	1				1		1
110	鸡鸣返水库	1				1		1	139	彭集	1				1		1
111	南白楼水库	1				1		1	140	堽城	1				1		1

续表

序号	站名	测验项目		测验方式			人员	
		降水	蒸发	驻测	巡测	委托	正式职工	委托员
141	伏山	1				1		1
142	宁阳建行	1				1		1
143	宁阳联通	1				1		1
144	文庙	1				1		1
145	上峪水库	1				1		1
146	东疏	1				1		1
147	南孙家泉	1				1		1

泰安市水文站网测验方式及报汛情况统计见表 3-14。

表 3-14　泰安市水文站网测验方式及报汛情况统计表

序号	测站名称	设站年份	测验方式			水位流量关系				报汛站分类		
			常年驻测	汛期驻测	巡测	单一线	临时曲线	绳套	其他	中央报汛	省级报汛	发布预报
1	戴村坝	1935 年	1				1	1	1	1		1
2	北望	1952 年	1			1	1		1	1		
3	大汶口	1954 年	1			1	1		1	1		1
4	黄前水库	1962 年	1				1			1		1
5	光明水库	1962 年	1				1			1		1
6	东周水库	1977 年	1				1			1		
7	白楼	1977 年	1			1	1				1	
8	下港	1981 年		1		1	1					
9	瑞谷庄	1982 年			1	1	1					
10	楼德	1987 年	1			1	1			1		
11	谷里	1958 年			1	1	1					
12	金斗水库	1962 年			1		1				1	
13	大河	2016 年			1		1				1	
14	直界	2016 年			1		1				1	
15	尚庄炉	2016 年			1		1				1	
16	翟家岭	2016 年			1	1	1					
17	邱家店	2016 年			1	1	1					
18	邢家寨	2016 年			1	1	1					
19	祝福庄	2016 年			1		1					
20	石河庄	2016 年			1		1					

续表

序号	测站名称	设站年份	测验方式			水位流量关系				报汛站分类		
			常年驻测	汛期驻测	巡测	单一线	临时曲线	绳套	其他	中央报汛	省级报汛	发布预报
21	杨庄	2016年			1		1					
22	郑家庄	2016年			1	1	1					
23	马庄	2016年			1	1	1					
24	东王庄	2016年			1	1	1					
25	石坞	2016年			1							
26	席桥	2016年			1		1		1			
27	太平屯	2016年			1		1		1			
28	吴桃园	2016年			1		1		1			
29	宁阳	2016年			1		1		1			
30	彩山水库	2011年			1	1			1		1	
31	小安门水库	2011年			1	1			1		1	
32	角峪水库	2011年			1	1			1		1	
33	贤村水库	2011年			1	1			1		1	
34	山阳水库	2011年			1	1			1		1	
35	苇池水库	2011年			1	1			1		1	
36	胜利水库	2016年			1	1			1		1	
37	月牙河水库	2020年			1	1			1		1	
38	田村水库	2020年			1	1			1		1	
39	白云寺	2022年			1	1			1			
40	大汶口南灌渠	1970年			1	1						
41	大汶口北灌渠	1970年			1	1						
42	泰安	1978年			1	1						
43	颜谢	1979年			1	1						
44	砖舍	1979年			1	1						
45	堽城坝	1979年			1	1						
46	琵琶山	1979年			1	1						
47	松山	1979年			1	1						
48	南城子	1979年			1	1						
49	龙门口水库	1981年			1	1						
50	龙池庙水库	1981年			1	1						

续表

序号	测站名称	设站年份	测验方式			水位流量关系				报汛站分类		
			常年驻测	汛期驻测	巡测	单一线	临时曲线	绳套	其他	中央报汛	省级报汛	发布预报
51	松山(东)	1988年			1	1						
52	角峪	2011年			1		1		1			

在水文站网改造设计时，应考虑对现有测站尤其是报汛站的雨水情实时监测进行升级，实现水位、雨量遥测自记，流量汛期驻测或巡测。对仅仅承担水文资料常规收集任务的测站，可以考虑自记和固态存储，定期下载资料。对水位流量关系不呈单一线的测站，当距离巡测基地较近，交通、通信方便时，也可以视水情变化在需要时开展巡测。

3.7.1.2 水位站

泰安市现有独立水位站15处，全部为中小河流水文监测系统建设而设立，实现了水文信息采集、传输、存储的自动化，做到了“有人看管，无人值守”，大大提高了水库洪水测报及调蓄能力，可为防洪调度提供准确及时的水情信息。

3.7.1.3 雨量站

泰安市目前共有独立雨量站147处，包括39处基本雨量站在内，测验方式全部采用委托观测。

3.7.2 站队结合基地建设

泰安市水文中心是由山东省水利厅和泰安市人民政府双重管理的公益性事业单位，主要职责是：会同县（市、区）人民政府对所辖县域水文工作实施双重管理；承担水文事业发展规划及相关专业技术规划编制工作；承担水文站网建设、管理、运行工作；承担水文水资源水生态监测、调查评价和水土保持、用水总量的监测工作；按照规定权限发布雨情、水情、旱情、地下水等水文水资源信息、情报预警预报和监测公报；承担水文水资源资料整编、汇交和管理工作。泰安水文工作有着悠久的历史：1958年泰安水文分站成立；1998年由省编委批复更名为泰安水文水资源勘测局；2008年12月实行由省水利厅和泰安市人民政府双重管理的体制，加挂“泰安市水文局”牌子；2011年12月经省编委批复正式更名为泰安市水文局，加挂“泰安市水土保持监测站”牌子；2021年3月经省编办批复更名为泰安市水文中心。

泰安市水文中心设有7个职能科室、4个县级水文中心，建有防汛抗旱预警信息及视频会商系统，拥有国家计量认证的水环境监测实验室，基本形成了种类齐全、功能完备、代表性高、覆盖面广、信息及时可靠的水文监测网络系统。多年来，泰安市水文中心充分发挥技术优势、站网优势和资料优势，研究水的运动规律，预报洪水和旱情，全面提供有关水的信息和分析成果，为泰安市防汛抗旱减灾、水资源管理保护、水生态文明建设、重点工程建设等提供有力技术支撑，为落实最严格水资源管理制度，实行河长制、湖长制，建设水生态文明城市，促进经济社会发展做出突出贡献。

当前县域经济已成为全省经济社会发展的重要支柱之一，随着县级经济社会快速发展，人们对防洪安全、用水安全、水生态安全的要求越来越高，急需水文部门提供有针对性的、紧密服务地方的水文信息服务，而山东长期以来实行“省、市、测站”三级管理体系，缺少了县这一级抓手，致使县级水文服务长期跟不上、不到位，特别是山东实行最严格水资源管理制度，水文部门承担的区域用水总量及水功能区监测必须以县级行政区划为单元。以中小河流水文监测系统项目建设为依托，建立以县级水文中心为主体的基层水文服务体系，全面提升水文服务能力水平，已成为水文改革发展的迫切之需和当务之急。中小河流水文监测系统建成后，泰安市水文站由10处增加到36处，水位站从没有到新增15处，雨量站由40处增加到147处，报汛站由34处增加到179处。数量庞大的监测站点在使监测站网得到加密的同时，也给后续的日常运行管理带来了很大问题。如此大量的分散的监测站点运行和管理都在基层，越来越繁重的基层工作任务显然让泰安市水文中心力不从心。中小河流水文监测系统等项目的建设实施，推动泰安水文站在了历史新起点，站在了适应新形势、新任务，更好服务水利与经济社会发展的突破口。

山东省水文中心党委于2012年10月在全国率先提出了“构建和完善基层水文服务体系”，即依托中小河流水文监测系统建设的水文中心站，建设以县级水文中心为主体、乡镇水文服务中心为纽带、各类监测站点为支撑、农村水管员为补充的“省、市、县、乡、村”五级水文管理服务体系。县级水文机构作为体系的主体，实行市级水文机构与县人民政府“双重管理”，负责县级行政区域内的水文管理与服务；乡镇水文服务中心主要依托乡镇水利站设立，在水利站加挂水文服务中心牌子，实行县级水文机构与乡镇政府“双重管理”，负责乡镇区域内的水文管理与服务。大力推进水文巡测、驻巡结合工作，把基层测验人员从长期封闭、孤立地驻守在偏远分散的测站直至终老的现状中解放出来，通过相对集中、开展培训、提高测验分析技术，来改善基层测站人员的工作和生活水平。将人力、物力有效地发挥最大作用，在满足基本水文测站测验需求的前提下，进一步灵活地开展辖区内水文调查和水文服务，通过若干年的努力，逐步从整体上提高基础水文测验工作的水平。这在巩固和发展水文站网、提高水文测验技术、发挥水文专业技术优势、扩大水文服务范围、融入区域水资源管理和水环境保护工作、稳定职工队伍、促进基础测站管理的改革等方面都起到了积极作用。对于测站，重点是改善测验装备，水位、雨量观测设备应实施长期自记或遥测，测流设备要在可能和适合的条件下尽可能推广应用在线监测，这些是减轻测站人员劳动量，实现“轮流值守”的基本前提；对于县级中心，主要是为基层测站人员在城市里提供一个相对集中的场所，从而改善工作和生活条件，实施轮流培训，不断提高业务水平，由单点固守模式逐步向以点带面、扩大流域和行政辖区面上信息收集的模式转变。

泰安市水文中心不断完善体制机制，建立业务全面、技能熟练的“金字塔”人才培养机制，将水文中心工作任务纳入年度综合考核。中心建立督导及时、行之有效的监督机制，开展县域水文预警预报服务，着力提升县级水文中心信息化、现代化水平，为地方防汛抗旱减灾、水生态环境保护、城市水文等工作提供技术支撑。

从泰安水文站网现状来看，其还存在一定问题，由于经费投入不足和行政体制等方面的原因，测验设施设备和技术水平与站巡结合的标准有一定差距，需要大力提升流量、泥沙等观测项目的自动化监测水平，进一步提高测洪标准和监测预警服务能力。

第四章

水文站网功能评价

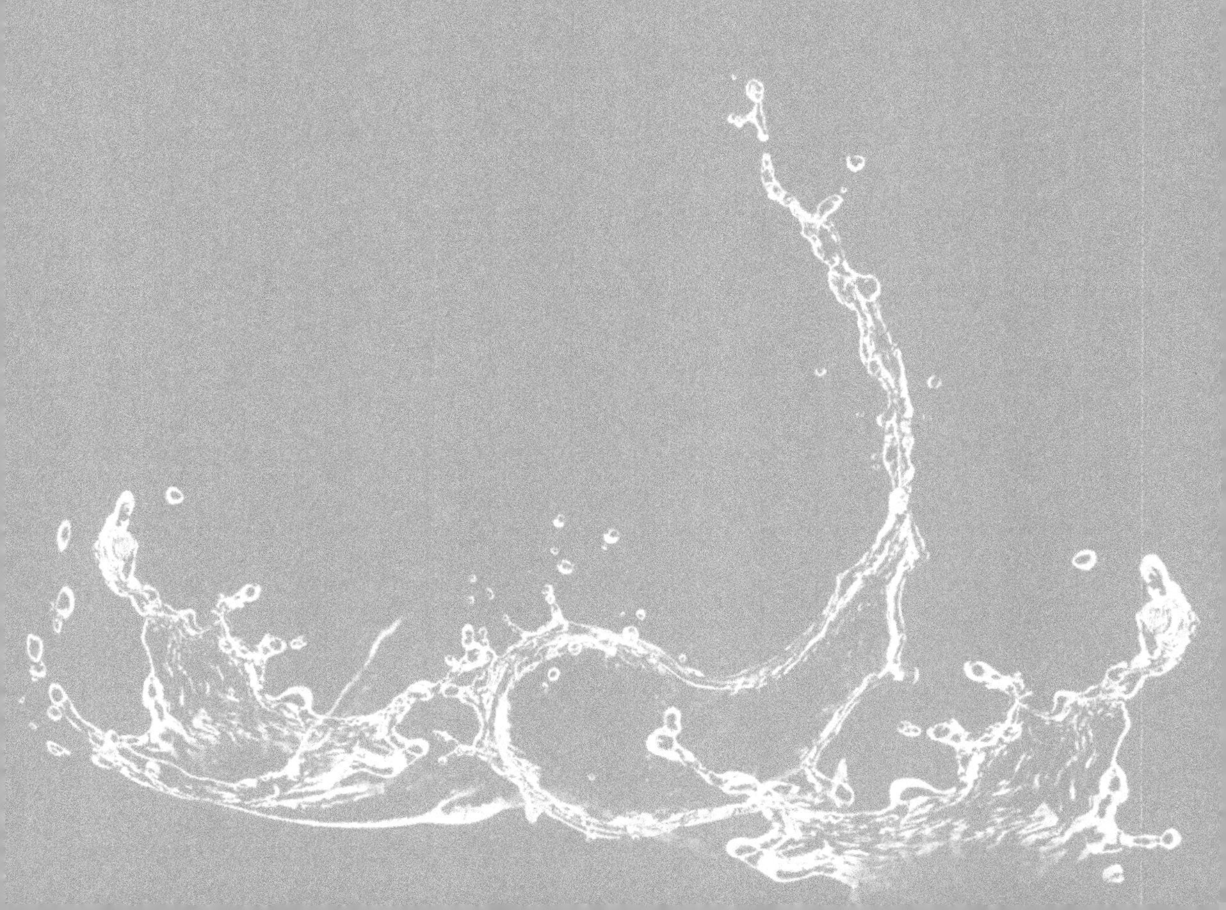

水文站网功能是指通过在某一区域内布设一定数量的各类水文测站，按规范要求收集水文资料，实现水文信息的内插、移用，达到向社会提供具有足够使用精度的水文信息的目的，为国民经济建设提供技术支撑。

一般来说，水文站网的功能主要包括：分析水文特性规律（水沙变化、区域水文、水文气候长期变化），水文情报，水文预报（洪水、来水），水资源管理（水资源评价、省级行政区界断面监测、地市界断面监测、城市供水、灌区供水、调水或输水工程、干流重要引退水口监测），水质监测（水功能区界站、源头背景站、供水水源地），生态环境保护，水土保持，前期规划设计，工程管理，法定义务（执行专项协议，依法监测行政区界水事纠纷，执行国际双边或多边协议），实验研究等。水文站网功能评价的目的是通过对水文站网各项功能的统计分析，评价其满足社会需求的程度，找出不足之处，以便在今后的水文站网规划、调整中能够有的放矢，加强站网功能的薄弱环节，使水文站网最大限度地满足国民经济建设的需要。

4.1　水文测站功能发展与变化

水文工作是为国民经济建设服务的，水文站网是水文工作的基础，不同时期社会对水文信息有其特定的需求，水文站网规划的指导思想、设站目的也就随之变化，相应的站网功能也有所差别。山东省水文工作可追溯到大约公元前 23 世纪大禹治水时期。虽然自古以来，人们就重视对水文现象的观察，并利用观察结果指导对洪、旱灾害的斗争，但在漫长的人类古代历史中，这一观察主要囿于对一般水文现象的定性观察和简要描述。清代自乾隆元年(1736 年)开始，便在黄河险工段(其中有山东曹县、东明)临时设置桩志，进行汛期洪水位观测。在木桩上刻字表示尺寸。每字代表一尺；每字 10 个刻迹，每刻迹代表一寸。水尺零点在常水位一丈以上处，当洪水超过水尺零点时，即记“水入某字某刻迹”，只记洪水位的上涨数。观测时间按十二地支计时。

1840 年鸦片战争以后，随着西方资本主义国家的军事入侵，西方国家的政治、经济和文化技术也渗入中国，而且很早便传入山东半岛。清光绪六年(1880 年)，清政府根据当时在海关任职的英人赫德(S，R. Hort)的建议，于 1886 年和 1887 年在今长岛县猴矶岛、烟台市葡萄山、荣成市成山头和镆铘岛设立测候所观测雨量，是山东省有正式雨量观测记录的开始。清光绪二十三年(1897 年)德国侵占青岛后，于 1898 年在今崂山县李村设立气象站观测雨量和水面蒸发量(当时水文、气象统一观测)。清宣统元年(1909 年)春，兖沂道运河督办在微山湖双闸设置桩志(即直立式木质水尺)，令巡营哨弁测量湖水消长及闸门启闭情况，根据湖水涨落，确定闸门启闭时限。

1911 年辛亥革命后，随着防洪、航运等水利建设的需要，开始大量设站进行水文观测。1912 年黄河流域第一个雨量观测站设立在山东泰安。1915 年督办运河工程总局成立后，当年即在大汶河下游（大清河）设立南城子水文站开展水位、流量测验工作。该站是山东省第一个水文站，它的设立标志着黄河流域以近代科学方法进行水文观测的开始。同年，在泗河上设立了金口坝和大榆树水文站进行水位、流量测验工作。嗣后黄河水利委员会于 1935 年在大汶河下游（大清河）设戴村坝水文站，并在一些城镇设立雨量站，如 1929 年设立新泰雨量站，1931 年设立肥城雨量站。1937 年 7 月 7 日抗日战争全面爆发后，山东省大部分城镇沦为敌占区，戴村坝水文站、新泰雨量站、肥城雨量站先后停止观测，造成资料中断残缺不全，精度很差。

1945 年 8 月 15 日日寇投降后，中国共产党领导的山东省政府从敌伪手里接收了少数几处水文站，并于 1947 年 1 月，成立了山东省水文总站，负责全省水文管理工作。这一时期在山东各解放区内，各级人民政府及水利部门都很重视水文工作，除接管了日伪和国民政府的少数水文站外，并根据当地防洪除涝和河道整治的需要，恢复和增设了一部分水文测站。1947 年 8 月在大汶河设立大汶口水位站，留下了一些宝贵的水文资料。这个时期的水文站功能较为单一，主要是为了防洪除涝、河道治理的需要，没有形成水文站网。新中国成立以后，1955 年由水利部统一部署进行了第一次水文站网规划工作，到 1958 年山东省初步建成基本水文站网。之后于 1965 年、1974 年、1983 年分别在水利电力部水文局的统一部署下，进行了基本水文站网的分析验证和规划调整工作，使水文站网逐步充实完善。

泰安水文作为山东省水文的组成部分，其水文站网功能发展也具有明显的时代特征，其发展变化可以分为新中国早期、20 世纪 70—80 年代、20 世纪 90 年代至今三个阶段。

4.1.1 新中国早期的水文站网功能

中华人民共和国成立后，山东省在水利局内设立了水文股，接收并恢复了部分水文站。1950 年成立了华东军政委员会水利部黄台桥一等水文站和新安一等水文站，分别负责渤海胶东区和沂沭汶运区水文建设管理工作。同时积极培训水文技术人员。华东军政委员会水利部举办了南京水文训练班，山东省实业厅委托山东农学院设置了水利系水文专修科，为全省培训了第一批水文专业人才。1950 年汛前即在全省恢复和增设水文站、水位站、潮位站和雨量站，同年

6月由淮河水利工程总局恢复戴村坝水文站，1951年4月由华东军政委员会水利部下迁7 km处测验，继续开展水文测报工作。同时逐步开展了河流泥沙、土壤含水率、土壤入渗率等水文实验研究工作。1955年水利部颁发了《水文测站暂行规范》，使水文测验工作开始走向规范化。1955年由水利部水文局统一部署，按照地理综合原则，山东省水文总站与山东治淮指挥部水文站，分别对鲁北胶东区和沂沭汶泗区进行了第一次基本水文站网规划，提出了水文站网发展目标。这次站网规划内容包括流量站网、泥沙站网、水位站网、雨量站网、蒸发站网、地下水站网、实验站网7个方面。基本流量站网按大、中、小河流分别采用线的原则、面的原则及站群原则进行规划。到1958年底，规划的设站任务已基本完成。

1958年起全国掀起大规模的水利建设高潮，流域各地水文测站得到了迅速发展，至1958年底，泰安市已建成南城子、戴村坝、北望、临汶、谷里、东浊头、杨郭、姚庄8处流量站以及20处雨量站，水文站网已初具规模，基本形成了包括流量、水位、降水、蒸发、泥沙、水质等项目的站网布局，为研究区域水文规律奠定了基础。1958—1959年，山东省在大型水库和部分重点中型水库及大型拦河闸上设立水库闸坝水文站，开展工程水文测验报汛和预报，此后以大汶河为首开展了洪水预报工作。

为满足工程管理运用的需要，泰安市自1959年先后新建了光明水库、金斗水库、黄前水库3处水文站，开展工程水文测验、报汛和预报工作。这一时期站网概念已经比较明显，但功能仍然比较单一和简单。由于站网发展过快，测站管理体制逐级下放，再加上三年经济困难等原因，基本测站的建设被削弱。1962年之后，国家先后将测站上收省和水电部直接管理，根据水电部"调整巩固站网，加强测站管理，提高测报质量"的水文工作方针，合理调整了站网，使测报质量很快得到恢复和提高。

1964年，山东省水文总站在水利电力部水文局的直接领导下，在全省范围内组织有40多名水文技术人员的站网规划小组，由张经之主持进行了第二次站网分析验证工作，对干流控制站、区域代表站、雨量站、蒸发站、泥沙站和水化学站各种基本水文站网进行了分析验证，并首次应用纳希瞬时单位线法，对洪水参数进行了综合分析和地区综合。根据分析验证结果，重新划定水文分区。全省分为泰沂山南、泰沂山北、胶东半岛、胶莱河谷、湖东丘陵、湖西平原、鲁北平原7个水文分区。1965年5月提出了《山东省基本水文站网分析验证成果及调整意见》并报水利电力部水文局审查批准。这次站网分析验证和调整因"文化大革命"的干扰，未能全部实施。

泰安水文在1949—1969年这二十年间，在20世纪50年代开展蒸发观测项目较多且极不稳定,大多资料仅有1～4年。随着雨量站稳步增加,其雨量观测趋于稳定和成熟,雨量站网逐步完善。该时期泰安增加了地下水动态观测,同时,还逐步开展了河流泥沙、土壤含水量、土壤入渗率等试验研究。

4.1.2 20世纪70—80年代水文站网建设

“文革”结束以后,由于国民经济的恢复、发展和水利建设形势对水文工作的要求,出于对水资源的开发利用和水源保护的需要,水文站网也根据新的形势进行了调整充实。泰安水文进入了一个新的发展时期。从1974年,山东省水文总站根据水利电力部水文局的统一部署,进行了第三次全省范围内的站网分析验证和规划调整工作。这次站网建设有以下几个方面:

一是调整充实小河站,建设区域代表站和小河站的全部配套雨量站。先后新设白楼站、东周水库站2处区域代表站及其配套雨量站;新设下港、瑞谷庄2处小流域水文站及其配套雨量站。

二是为解决水利工程影响下水量还原计算问题,实行基本站、辅助站和水文调查相结合的原则,增设了辅助站并加强水文调查工作。为算清大汶河水账作为基本水文站的补充,沿大汶河引汶干渠先后增设了渠首辅助观测站进行流量监测;1972年7—9月,还在大汶口拦河坝同时观测坝上水位及流量监测项目,在干流河道上开展水位、流速、流量等主要水文要素的动态变化研究。

三是为了适应水源保护的需要,设立水质监测站开展水质监测工作,在基本水文站上新增了水质监测项目。

1979年,根据山东省水利厅科技发展计划,山东省水文总站与泰安水文分站在大汶河水系进行了无线数字式雨量自动测报试验。由马汝昌等组成研制小组,于1980年5月完成第一套样机的安装调试,在当时的泰安水文分站和莱芜水文站间进行试用。9月又设立属机两部,在泰安(主机)→莱芜(分机)→黄前、雪野水库水文站(两属机)之间试用,1982年经山东省水利厅组织专家鉴定,性能基本符合设计要求。1982年该项目获山东省科技进步三等奖[10]。

为满足新时期工作需要,泰安水文逐步恢复、建立、健全了规章制度,加强了测站建设并推行目标管理;充实培训水文技术人员,开始对现有水文站网进行调查和鉴定,逐个核实每个测站是否能达到设站目的发挥应有作用;按照水利部的统一部署,先后两次对省级地下水监测井网进行了优化调整,并开展了全区性的水资源调查评价工作。

从1983年3月开始,山东省水文总站研究部署站网调整、分析工作,拟定了站网分析工作计划和分析技术要求,采取总站与分站上下结合方式,分工负责,先进行试点，而后全面开展。该次站网规划共分 3 个阶段进行。第一阶段进行站网调查；第二阶段进行资料分析和验证工作；第三阶段进行站网规划调整工作。1986 年 9 月提出了《山东省水文站网发展规划》报山东省水利厅和水电部水文局。这次站网规划调整是在原有站网基础上，为解决现有站网中存在的问题，结合国民经济发展对水文工作的需要而进行的。通过这次站网分析，并结合前 3 次的分析验证和逐步调整充实，认为全省的水文站网布局已基本合理，不需要进行大幅度裁撤或增加。但由于人类活动影响和经济建设发展的需要，水文站网的建设也面临一些新的挑战。

1970—1989 年这二十年间，泰安地区通过充实站网新建了小河站、区域代表站及其配套雨量站，补充了辅助站，调整优化了部分站点，系统收集了水文资料、研究了水文规律和为抗旱防汛工程管理提供服务。逐步实现了降水、蒸发、水位、流量、泥沙、地下水等资料的电算整编，并应用电子计算机进行水情译报、洪水预报和水文分析计算，水文站网逐步完善。在站网功能上，一个包括降水、流量、水位、蒸发、泥沙、地下水、水质等各类测站组成及驻测和巡测相结合的水文站网基本建成，站网功能也从为防汛和工程管理服务，开始向分析水文特性规律、水资源管理、水功能监测、生态环境保护、水土保持等各方面拓展，逐步与社会经济发展的各方面进行了有效结合。

4.1.3　1990 年至今水文站网功能

进入 20 世纪 90 年代，泰安市水文站网基本处于比较稳定的状态，但由于经费投入等原因对站网进行了必要的精减或项目停测，对部分站点及监测项目进行微调。1992 年、1997 年、2002 年，先后停测了瑞谷庄、白楼、下港 3 处水文站的测验和报汛工作。2017 年 6 月白楼水文站恢复观测，2022 年 6 月下港、瑞谷庄 2 处水文站恢复观测。

2000 年以后，随着监测技术的进步以及经济社会的发展，泰安水文站网也进入了较快的发展时期。雨量自动测报系统在流域内得到了很大发展，报汛数传仪的推广应用使得信息采集方式由人工逐步转向了自动，大大提高了水文站网的效率和数据的时效性。2008 年，按照规定由水文部门承担水土保持监测职能，泰安共设水土保持监测站 3 处。2010 年，山东省政府颁布了《山东省用水总量控制管理办法》，明确规定“省水文水资源勘测机构负责地表水、地下水和区域外调入水开发利用量以及水功能区水质的监测工作。监测数据应当作为确定区域年度用水控制指标的主要依据”。于是泰安水文开始开展了以县级行政区域为单元的区域年度用水总量及水功能区监测，新增了一批典型监测站和行政区界监测断面。

“十二五”和“十三五”期间，通过大中型病险水库加固工程、河道治理工程等工程带水文建设项目，泰安新建水库水文站 7 处、改造河道水文站 3 处；通过中小河流水文监测系统工程建设项目，新建水文站 18 处、新建水位站 15 处、新建改建雨量站 124 处，新建中心水文站 6 处；通过大江大河水文监测系统工程建设项目，改造水文站 2 处；通过骨干河流及重要水文设施工程、大中型水库及入库河流水文设施工程，新建水库水文站 1 处、新建入库流量站 3 处、新建重要水文站水文缆道 1 处等；通过国家自动墒情监测站建设，新建墒情站 10 处；通过水情提升工程，使泰安水情中心机房、会商室及情报预报的硬件环境设施得到了显著改善，软件系统有了极大的提升。泰安水文基本形成了布局较为合理、功能较为完备的水文监测站网体系。

同时，由于国家经济社会发展的需求和中央治水思路由控制洪水向管理洪水的转变，泰安先后实施了“中小河流水文监测系统”“大江大河水文监测系统”“国家地下水监测工程”“工程带水文”“国家防汛指挥系统二期”等项目，增设了大量监测站点，同时站网功能也得到了一定的发展。至此，全流域已形成了一个涵盖水位、流量、降水、泥沙、水质、地下水、旱情等监测项目齐全、主要功能完备、数量比较稳定、测站任务明确的水文站网。但是经济社会的高速发展，对水文站网提出了更高的要求，泰安水文今后仍需不断改进和完善，力争满足经济社会可持续发展需要。

4.2 现行水文站网功能评价

4.2.1 总体评价

根据社会和经济发展对水文资料的要求，对泰安市现有水文站网进行一次全面和客观的评估，检测不同目标下水文站网的服务功能。全市共有基本水文站、专用水文站和辅助站 52 处，承担着水沙变化、区域水文、水文情报、水文预报、水资源评价、省级行政区界断面监测、地市界断面监测、城市供水、灌区供水、干流重要引退水口监测、水质监测、水生态监测、水土保持监测、工程规划设计、工程管理等任务。其中水沙变化 5 处，区域水文 26 处，水文情报 32 处，水文预报 4 处，水资源评价 37 处，省级行政区界断面监测 1 处，地市界断面监测 4 处，城市供水 11 处，灌区供水 32 处，引退水口监测 12 处，水质监测 18 处，水土保持监测 3 处，水生态监测 4 处，工程规划设计 8 处，工程管理 18 处。

从泰安市目前的水文站网功能统计分析看，其已承担了水文站网监测任务中的14项，其中以区域水文分析、水文情报、水资源评价、灌区供水等项目为主，在现有水文站（断面）还没有涉及省级行政区界、调水输水工程和实验研究等监测功能。泰安市水文测站功能情况统计详见表4-1。

表4-1　泰安市水文测站功能情况统计表

序号	测站名称	河流	设站年份	测站功能																	
				水沙变化	区域水文	水文情报	水文预报	水资源评价	省级行政区界断面监测	地市界断面监测	城市供水	灌区供水	调水输水工程	水土保持监测	引退水口监测	水质监测	水生态监测	工程规划设计	服务工程管理	实验研究	其他
1	戴村坝	大汶河	1935年	1	1	1	1	1	1							1	1	1			
2	北望	大汶河	1952年		1	1		1								1	1	1			
3	大汶口	大汶河	1954年	1	1	1	1	1						1		1	1	1			
4	黄前水库	石汶河	1962年		1	1	1	1			1	1				1		1	1		
5	光明水库	光明河	1962年		1	1	1	1			1	1				1		1	1		
6	东周水库	柴汶河	1977年		1	1		1			1	1		1		1		1	1		
7	白楼	汇河	1977年		1	1		1								1		1			
8	下港	石汶河	1981年											1					1		
9	瑞谷庄	羊流河	1982年		1											1					
10	楼德	柴汶河	1987年	1	1	1		1								1	1	1			
11	彩山水库	淘河	2011年			1		1			1	1				1			1		
12	小安门水库	公家汶河	2011年			1		1			1	1				1			1		
13	角峪水库	牧汶河	2011年			1		1			1	1				1			1		
14	贤村水库	海子河	2011年			1		1				1							1		
15	山阳水库	良庄河	2011年			1		1				1							1		
16	苇池水库	羊流河	2011年			1		1				1				1			1		
17	胜利水库	漕浊河	2016年			1		1			1	1				1			1		
18	大河	泮汶河	2016年			1		1			1	1				1			1		
19	直界	石固河	2016年			1		1				1							1		
20	尚庄炉	小汇河	2016年			1		1			1	1				1			1		
21	翟家岭	石汶河	2016年			1															
22	邱家店	芝田河	2016年			1															

续表

序号	测站名称	河流	设站年份	测站功能																	
				水沙变化	区域水文	水文情报	水文预报	水资源评价	省级行政区界断面监测	地市界断面监测	城市供水	灌区供水	调水输水工程	水土保持监测	引退水口监测	水质监测	水生态监测	工程规划设计	服务工程管理	实验研究	其他
23	邢家寨	泮汶河	2016年	1		1										1					
24	谷里	柴汶河	2016年			1															
25	金斗水库	平阳河	1962年			1		1			1	1				1			1		
26	祝福庄	柴汶河	2016年									1									
27	石河庄	羊流河	2016年									1									
28	杨庄	赵庄河	2016年									1									
29	郑家庄	海子河	2016年			1															
30	马庄	漕浊河	2016年			1		1													
31	东王庄	漕浊河	2016年			1															
32	石坞	汇河	2016年					1				1									
33	席桥	汇河	2016年			1		1													
34	太平屯	东金线河	2016年			1															
35	吴桃园	湖东排水河	2016年			1															
36	宁阳	洸府河	2016年	1		1															
37	月牙河	洸府河	2020年			1		1			1	1							1		
38	田村水库	禹村河	2020年			1		1				1							1		
39	白云寺	石汶河	2022年																1		
40	汶口南灌渠	引汶渠	1970年					1				1			1						
41	汶口北灌渠	引汶渠	1970年					1				1			1						
42	泰安	胜利渠	1978年					1				1			1						
43	颜谢	引汶渠	1979年					1				1			1						
44	砖舍	引汶渠	1979年					1				1			1						
45	堽城坝	引汶渠	1979年					1				1			1						
46	琵琶山	引汶渠	1979年					1		1		1			1						
47	南城子	引汶渠	1979年					1				1			1						
48	松山	引汶渠	1979年					1		1		1			1						

续表

序号	测站名称	河流	设站年份	测站功能																	
				水沙变化	区域水文	水文情报	水文预报	水资源评价	省级行政区界断面监测	地市界断面监测	城市供水	灌区供水	调水输水工程	水土保持监测	引退水口监测	水质监测	水生态监测	工程规划设计	服务工程管理	实验研究	其他
49	松山(东)	引汶渠	1988 年					1		1		1			1						
50	龙门口	康王河	1981 年					1				1			1						
51	龙池庙	柴汶河	1981 年					1				1			1						
52	角峪	大汶河	2011 年					1		1											

为更直观地展示泰安市现有水文测站功能情况，将水文站网具体承担的监测任务所占百分比分布列图示意。泰安市水文站现有功能分布占比情况详见图 4-1。

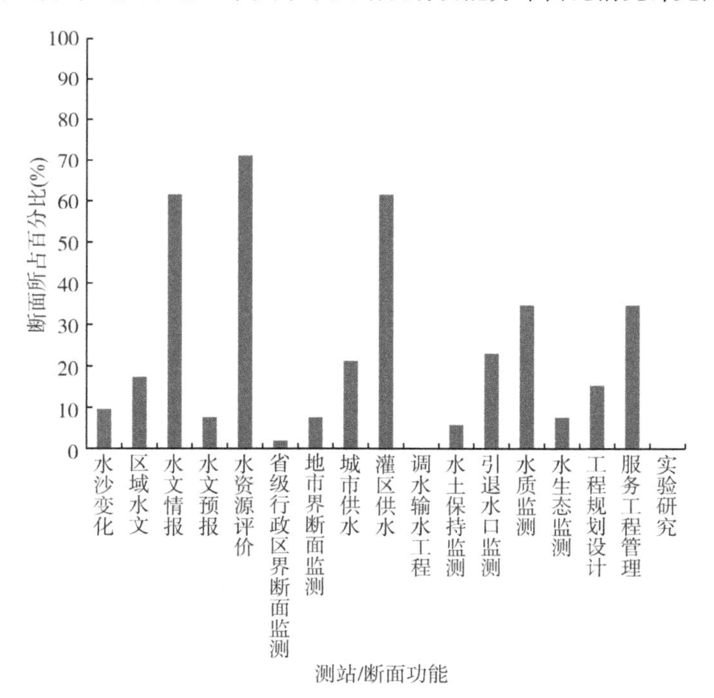

图 4-1　泰安市水文站(断面)现有功能分布占比情况示意图

从图 4-1 可以很明显地分析可知，泰安市水文站网现有功能比较齐全，但功能分布仍不够平衡。主要站网功能还是侧重在水资源评价(占比 71%)、水文情报

(占比62%)、灌区供水(占比62%)3大方面。另外,其他站网功能中水沙变化占比10%,区域水文占比17%,水文预报占比8%,省级行政区界断面监测占比2%,地市界断面监测占比8%(县界断面监测占比10%),城市供水监测占比21%,水土保持监测占比6%,重要引退水口监测占比23%,水质监测占比35%,水生态监测占比8%,服务工程规划设计占比15%,服务工程管理占比35%,缺少调水或输水工程、实验研究这3项功能。

泰安市共有区域代表站10处,从区域水文代表站所占比例看全市平均仅为26%,与2012年前山东省区域代表站比例为56%相比,还远远低于全省平均数,说明泰安市区域代表站的比例仍须进一步提高。

4.2.2 分河系评价

泰安市共有基本水文站、专用水文站和辅助站52处,在全市流域面积大于200 km^2 的主要河流中,各水文站功能情况分析评价如下。

4.2.2.1 从站网(断面)的水文情报分析

从站网的水文情报分析测站所占比例看,泰安市水文情报分析占比为62%,各河流具体情况分述如下:

柴汶河现有水文站12处,有水文情报任务的8处,占河流断面的67%,占总站数的15%;

瀛汶河泰安段现有水文站5处,有水文情报任务的3处,占河流断面的60%,占总站数的6%;

石汶河现有水文站4处,有水文情报任务的2处,占河流断面的50%,占总站数的4%;

泮汶河现有水文站2处,有水文情报任务的2处,占河流断面的100%,占总站数的4%;

羊流河现有水文站3处,有水文情报任务的2处,占河流断面的67%,占总站数的4%;

漕浊河现有水文站3处,有水文情报任务的3处,占河流断面的100%,占总站数的6%;

汇河现有水文站4处,有水文情报任务的3处,占河流断面的75%,占总站数的6%;

洸府河现有水文站2处,有水文情报任务的2处,占河流断面的100%,占总站数的4%;

湖东排水河现有水文站 1 处，有水文情报任务的 1 处，占河流断面的 100%，占总站数的 2%。

另外，在大汶河干流(含引汶渠首)及其一级支流的各条小河上有水文站(断面)23 处，有水文情报任务的 10 处，占河流断面的 43%，占总站数的 19%；跃进河现没有水文站，没有水文情报站。泰安市水文情报代表站(断面)河流分布占比情况详见图 4-2。

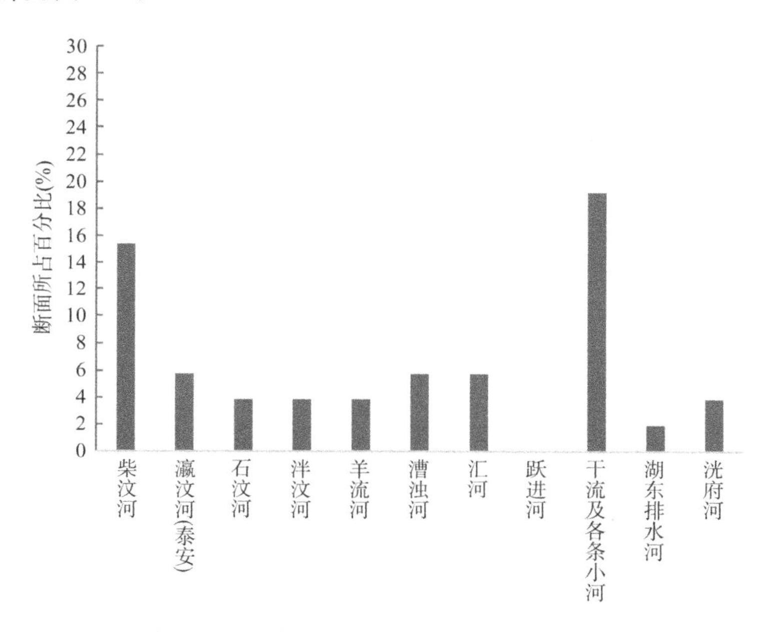

图 4-2　泰安市水文情报代表站(断面)河流分布占比情况示意图

从图 4-2 中可以看出，大汶河干流及其各条小河所占比例最高，为 19%；其次是柴汶河，为 15%，除跃进河没有水文情报代表站外，瀛汶河、石汶河、泮汶河、羊流河、漕浊河、汇河以及洸府河占比较低且河流间差异不大，河流具有水文情报分析功能的测站占比均低于 10%。通过分析不难看出，部分河流上现有水文站的水文情报分析功能还有提升的空间。

4.2.2.2　从站网(断面)的水资源评价分析

从站网的水资源评价测站所占比例看，泰安市水资源评价监测断面占比为 71%，各河流具体情况分述如下：

柴汶河现有水文站 12 处，有水资源评价任务的 7 处，占河流断面的 58%，占总站数的 13%；

瀛汶河泰安段现有水文站 5 处，有水资源评价任务的 2 处，占河流断面 40%，占总站数 4%；

石汶河现有水文站 4 处，有水资源评价任务的 1 处，占河流断面的 25%，占总站数的 2%；

泮汶河现有水文站 2 处，有水资源评价任务的 1 处，占河流断面的 50%，占总站数的 2%；

羊流河现有水文站 3 处，有水资源评价任务的 1 处，占河流断面的 33%，占总站数的 2%；

漕浊河现有水文站 3 处，有水资源评价任务的 2 处，占河流断面的 67%，占总站数的 4%；

汇河现有水文站 4 处，有水资源评价任务的 3 处，占河流断面的 75%，占总站数的 6%；

洸府河现有水文站 2 处，有水资源评价任务的 1 处，占河流断面的 50%，占总站数的 2%；

湖东排水河现有水文站 1 处，没有水资源评价任务。

另外，在大汶河干流（含引汶渠首）及其一级支流各条小河上有水文站（断面）23 处，有水资源评价任务的 21 处，占河流断面的 91%，占总站数的 40%；跃进河现没有水文站，没有水资源评价站。泰安市水资源评价代表站（断面）河流分布占比情况详见图 4-3。

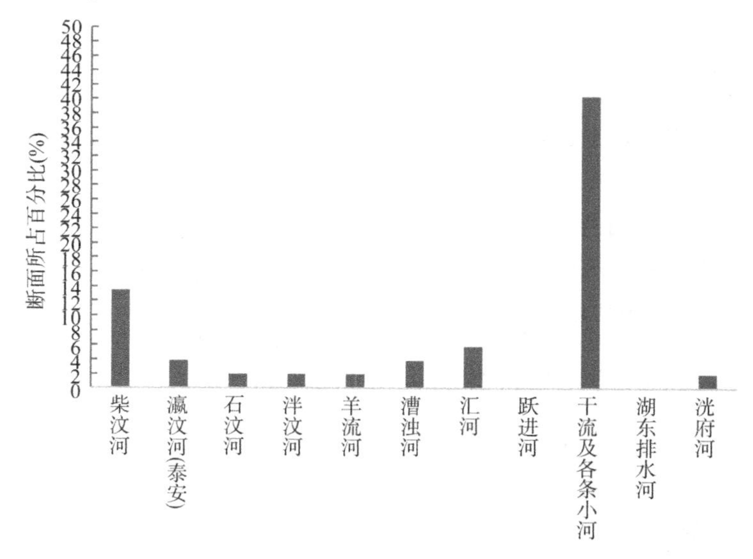

图 4-3　泰安市水资源评价代表站(断面)河流分布占比情况示意图

从图 4-3 中可以看出，大汶河干流及其各条小河所占比例最高，为 40%；其次是柴汶河，为 13%，除跃进河、湖东排水河没有水资源评价功能代表站外，瀛汶河、石汶河、泮汶河、羊流河、漕浊河、汇河以及洸府河占比较低且河流间差异不大，河流具有水资源评价功能的测站占比均低于 6%。少数河流上现有水文站的水资源评价分析功能偏低。

4.2.2.3　从站网(断面)的灌溉供水分析

从站网的灌溉供水测站断面所占比例看，全市灌溉供水断面占比为 62%，各河流具体情况分述如下：

柴汶河现有水文站 12 处，有灌溉供水任务的 9 处，占河流断面的 75%，占总站数的 17%；

瀛汶河泰安段现有水文站 5 处，有灌溉供水任务的 2 处，占河流断面的 40%，占总站数的 4%；

石汶河现有水文站 4 处，有灌溉供水任务的 1 处，占河流断面的 25%，占总站数的 2%；

泮汶河现有水文站 2 处，有灌溉供水任务的 1 处，占河流断面的 50%，占总站数的 2%；

羊流河现有水文站 3 处，有灌溉供水任务的 2 处，占河流断面的 67%，占总站数的 4%；

漕浊河现有水文站 3 处，有灌溉供水任务的 2 处，占河流断面的 67%，占总站数的 4%；

汇河现有水文站 4 处，有灌溉供水任务的 1 处，占河流断面的 25%，占总站数的 2%；

洸府河现有水文站 2 处，有灌溉供水任务的 1 处，占河流断面的 50%，占总站数的 2%；

湖东排水河现有水文站 1 处，没有灌溉供水任务。

另外，在大汶河干流(含引汶渠首)及其一级支流各条小河上有水文站(断面)23 处，有灌溉供水任务的 17 处，占所在河流断面的 74%，占总站数的 33%；跃进河现没有水文站，没有灌溉供水站。泰安市灌溉供水代表站(断面)河流分布占比情况详见图 4-4。

从图 4-4 站网的灌区供水测站所占比例看，大汶河干流及其各条小河所占比例最高，为 33%；其次是柴汶河，为 17%，除跃进河、湖东排水河没有灌溉供水功能代表站外，瀛汶河、石汶河、泮汶河、羊流河、漕浊河、汇河以及洸府河占比较

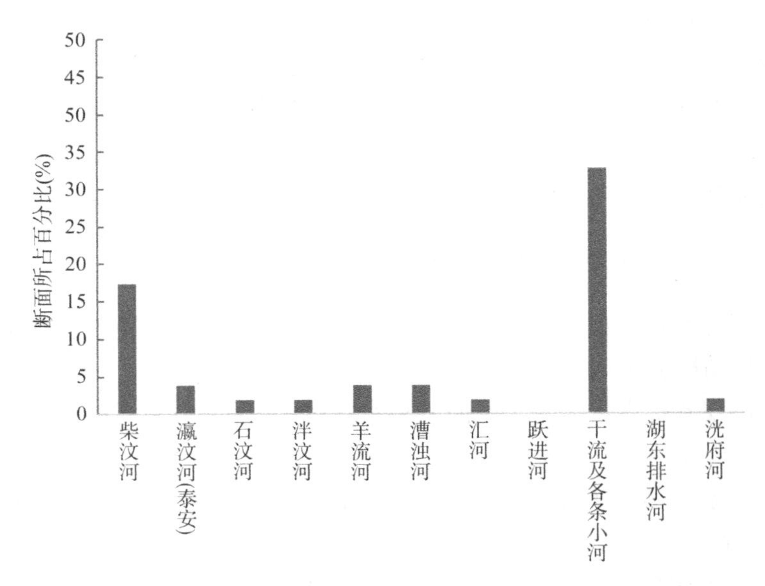

图 4-4　泰安市灌区供水代表站(断面)河流分布占比情况示意图

低且河流间差异不大,河流具有灌溉供水功能的测站占比均低于 4%,今后需要在各河系站网中加强灌区供水功能。

4.2.2.4　从站网(断面)的水质监测分析

泰安市水文站网中有水质监测项目的占比为 35%,水质监测断面在各河流的分布情况为:

柴汶河现有水文站 12 处,有水质监测项目的 6 处,占河流断面的 50%,占总站数的 12%;

瀛汶河泰安段现有水文站 5 处,有水质监测项目的 2 处,占河流断面的 40%,占总站数的 4%;

石汶河现有水文站 4 处,有水质监测项目的 1 处,占河流断面的 25%,占总站数的 2%;

泮汶河现有水文站 2 处,有水质监测项目的 1 处,占河流断面的 50%,占总站数的 2%;

羊流河现有水文站 3 处,有水质监测项目的 2 处,占河流断面的 67%,占总站数的 4%;

漕浊河现有水文站 3 处,有水质监测项目的 1 处,占河流断面的 33%,占总站数的 2%;

汇河现有水文站 4 处，有水质监测项目的 1 处，占河流断面的 25%，占总站数的 2%；

洸府河现有水文站 2 处，有水质监测项目的 1 处，占河流断面的 50%，占总站数的 2%；

湖东排水河现有水文站 1 处，没有水质监测项目。

另外，在大汶河干流（含引汶渠首）及其一级支流各条小河上有水文站（断面）23 处，有水质监测项目的 6 处，占河流断面的 26%，占总站数的 12%；跃进河现没有水文站，没有水质监测项目。泰安市水质监测项目代表站（断面）河流分布占比情况详见图 4-5。

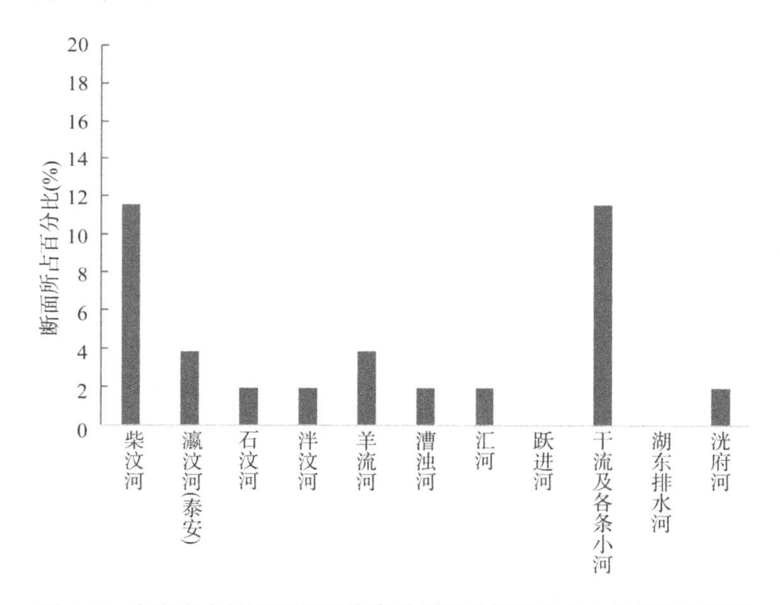

图 4-5　泰安市水质监测项目代表站(断面)河流分布占比情况示意图

从图 4-5 站网的水质监测项目所占比例看，大汶河干流（含各条小河）、柴汶河所占比例最高，为 12%，除跃进河、湖东排水河没有水质监测项目代表站外，瀛汶河、石汶河、泮汶河、羊流河、漕浊河、汇河以及洸府河占比较低且河流间差异不大，河流具有水质监测项目的测站占比均低于 4%，今后应考虑在各河系站网中加强水质监测任务的调整。

4.2.2.5　从站网（断面）的服务工程管理分析

泰安市水文站网中具有服务工程管理任务的占比为 35%，其在各河流的分布情况为：

柴汶河现有水文站 12 处，有服务工程管理任务的 6 处，占河流断面的 50%，占总站数的 12%；

瀛汶河泰安段现有水文站 5 处，有服务工程管理任务的 3 处，占河流断面的 60%，占总站数的 6%；

石汶河现有水文站 4 处，有服务工程管理任务的 3 处，占河流断面的 75%，占总站数的 6%；

泮汶河现有水文站 2 处，有服务工程管理任务的 1 处，占河流断面的 50%，占总站数的 2%；

羊流河现有水文站 3 处，有服务工程管理任务的 1 处，占河流断面的 33%，占总站数的 2%；

漕浊河现有水文站 3 处，有服务工程管理任务的 1 处，占河流断面的 33%，占总站数的 2%；

洸府河现有水文站 2 处，有服务工程管理任务的 1 处，占河流断面的 50%，占总站数的 2%；

汇河现有水文站 4 处，均没有服务工程管理任务；

湖东排水河现有水文站 1 处，没有服务工程管理任务。

另外，在大汶河干流及其一级支流各条小河上有水文站 23 处，有服务工程管理任务的 5 处，占河流断面的 22%，占总站数的 10%；跃进河现没有水文站也无服务工程管理任务。泰安市服务工程管理任务代表站(断面)河流分布占比情况详见图 4-6。

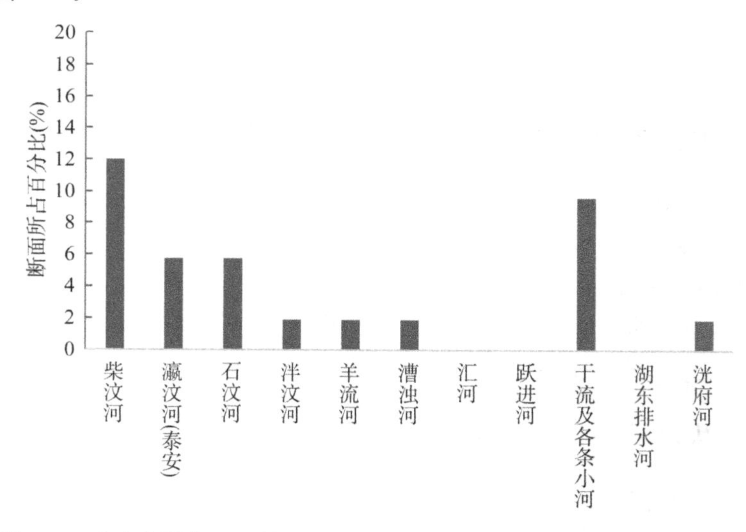

图 4-6　泰安市服务工程管理任务代表站(断面)河流分布占比情况示意图

从现有水文站网中，有服务工程管理任务的水文测站在河流断面所占比例情况分析看，柴汶河所占比例最高，为 12%；大汶河干流（含各条小河）为 10%。除汇河、跃进河、湖东排水河没有服务工程管理代表站外，瀛汶河、石汶河、泮汶河、羊流河、漕浊河以及洸府河占比较低，均低于 4%，今后应考虑在各河流站网中增加服务工程管理功能。

总之，对大汶河自然条件下泰安市水文站网的水资源评价、水文情报、灌区供水等功能考虑相对较为充分，其他部分功能整体水平不高，尤其是水文预报、水生态监测、水土保持监测等功能偏低，已不能满足流域经济社会发展对水文站网不断提高的需求，在今后的站网调整工作中要进一步补充完善与提升。

4.2.3　存在的主要问题

泰安市现有水文站网在 20 世纪 60—70 年代已基本布设完成。针对当今频繁发生的极端暴雨洪涝问题，其水文工作面临着巨大挑战，还存在暴雨中心雨量站点密度不足、水文站防洪测洪标准偏低、涉水工程信息共享不及时、水资源综合管理和水文监测能力有待提升等问题。

1. 洪水预报功能覆盖面不足

大汶河流域水文预报功能整体偏低，已不能满足流域经济社会发展对水文站网功能不断提高的需求。如何有效提高洪水预报预见期和精准度，是新时期水文情报预报面临的重要问题。由于受人类活动及流域下垫面条件改变日益加剧等因素影响，根据已布设水文测站构建的洪水预报方案，仅能判别所代表河段的洪水态势，已知的水文规律发生了较大改变，无法满足无测站地区洪水预报要求，无资料或缺资料地区洪水预报尚无有效手段。因此，要进一步加大流域降雨径流、水文要素的监测分析，深入研究大汶河区域产汇流水文演变规律，强化并扩大洪水预报的范围。在今后的站网调整工作中要进一步补充完善功能要求，提升洪水预报能力。

2. 防汛测报需进一步优化

泰安市现有的水文站网为防汛服务的功能较强，在所统计的水文断面中有 62%具有防汛报汛的功能，这些报汛站网基本能够满足泰安市防汛的需求。但是，随着经济社会的快速发展，水资源供需矛盾不断加剧，社会及相关部门对水文测报目标断面（节点）、上游干支流依据断面的监测，水沙运行规律相关节点的区域监测，水量调度运行相关节点以及防汛水文信息服务等提出了更高更新的要求。因此，水文信息测报站网也必须相应地进行调整、补充和完善，加大重点区域的站网密度，增加测报频次，提高测报效率，以更好地满足经济社会对水文站网的需求。

3. 水资源综合管理功能薄弱

水资源综合管理对水文站网功能的需求也越来越强烈。在所统计的水文断面中，关于水资源综合管理的水资源评价、省级行政区界断面监测、地市界断面监测、城市供水、调水或输水工程、干流重要引退水口监测、工程规划设计、工程管理及实验研究等方面，除水资源调查评价、灌区供水比例略高之外，其他各项均相对较少、功能偏弱，不能满足当今社会可持续发展战略需求。由于现有的水文站网主要是在新中国成立后布设的，当时的水文站网规划布设偏重于为防汛测报、工程规划设计及其管理等服务。虽然这些水文站网所收集的水文数据也是水资源综合管理的必要资料，但单纯为水资源管理服务的水文测站较少。而且，从社会经济的发展和水资源的合理开发、高效利用、优化配置、有效保护、综合治理及水环境保护和生态修复等方面看，现有水文站网还不能满足水资源综合管理的需求。尤其是有“河湖生态流量保障目标需求”的维护河流健康生态、保障河湖生态用水的敏感保护区及主要跨市界河流生态流量监测空白区，需要增设生态流量监测站点，在今后的水文站网优化调整中应优先予以考虑，尽快补充完善。

第五章

水文站网目标评价

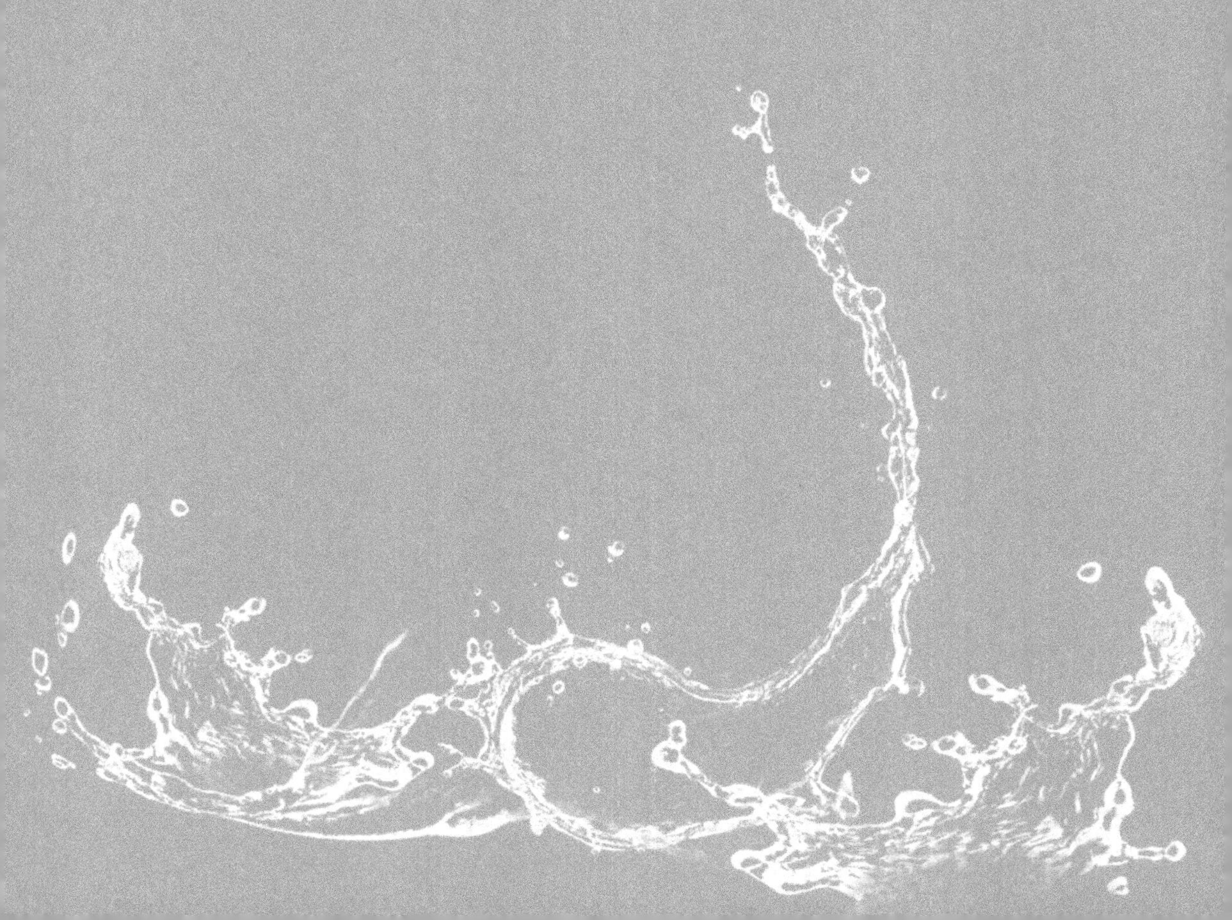

水文站网目标评价是对现有水文站网在当前及今后一段时期内，满足社会需求程度的分析评价。水文工作是国民经济建设和社会发展的重要前期基础性工作，水文站网是水文工作的基础，直接决定着水文工作服务社会的水平，因此水文站网需适度超前发展，达到一定目标，才能较好地满足当前及今后社会的需要。本书根据站网评价技术细则的要求，结合泰安市的实际，主要评价现有水文站网在流域水量计算、省市界水量监测、防汛测报、水质监测、水资源管理监测等方面满足社会需要的程度。

泰安市的水文站网是在以防洪为重点的工程水文模式下建立起来的，虽然在历年的防汛抗旱、水工程设计和运行调度、水资源管理和保护中发挥了巨大的作用，但对当前及今后水资源日益紧缺的发展地区，应仍以水资源管理、水环境保护、生态环境修复等为目标，重新审视、评定站网设置目的与服务目标之间的关系，发现现有水文站网功能的不足之处，进一步研究泰安市的水文站网评价方法，调整和充实现有水文站网，以利于水文部门今后的工作开展[11]。

5.1　流域水量计算

5.1.1　评价方法

统计调查水文测站对河流的控制程度对站网评价来说是必要的，需要对流域面积 200 km^2 以上的河流及其测站设置情况进行调查。河流上的水文测站设置包括水文站、水位站、雨量站等，梳理统计这些水文测站的有无及设置位置也能反映该条河流的水文控制情况。相应的，河流划分为完全水文空白河流、流量测验空白河流、出流口附近已设水文站河流等。本次站网评价中，以河流现有各类水文测站布设情况作为满足流域水量计算的评价依据。

具体方法为：设全部 200 km^2 以上河流数为 N，出流口有水文站的河流数为 n_1，完全为空白区既无水文站也无雨量站、水位站的河流数为 n_2，流量测验空白河流为 n_3，计算各类水文测站控制情况的河流数占全部河流数的比值，据此进行流域水量计算满足程度的评价。

对于河流出流口控制的评价，从水量计算的角度看，若在河流出流口附近设有水文站，则能够完整计算该河流的水量。因此，计算出流口有水文站的河流数 n_1 与全部河流数 N 的比值 $n_1/N\times100\%$，即可反映能够满足流域水量计算要求的河流的比率，即本目标的满足率。对于完全水文空白河流的评价，得到完全为水文空白区的河流所占比率 $n_2/N\times100\%$，反映出水文站网在河流水资源监测方面的盲区情况[12]。泰安市辖区内集水面积在 200 km^2 以上的河流情况如表 5-1 所示。

表 5-1　泰安市辖区内集水面积在 200 km^2 以上的河流情况表

序号	流域	水系	河流	河流流域面积（km^2）	泰安境内面积（km^2）	水文测站设置情况				河流出流口情况			出流口附近是否存在水文站
						无	有			汇入上一级河流	汇入湖泊、水库	汇入海洋	
							水文站	水位站	雨量站				
1	黄河	大汶河	大汶河	8 944	6 563		1	1	1		1		1
2	黄河	大汶河	柴汶河	1 948	1 948		1	1	1	1			1
3	黄河	大汶河	瀛汶河	1 331	548		1	1	1	1			
4	黄河	大汶河	石汶河	354	354		1	1	1	1			
5	黄河	大汶河	泮汶河	379	379		1	1	1	1			1
6	黄河	大汶河	羊流河	207	207		1		1	1			1
7	黄河	大汶河	漕浊河	608	608		1		1	1			1
8	黄河	大汶河	汇河	1 248	1 248		1	1	1	1			1
9	黄河	大汶河	跃进河	244	244				1	1			
10	淮河	泗河	洸府河	1 358	627		1	1	1	1			
11	淮河	泗河	泗河	2 403	281				1	1			

5.1.2　评价结果

泰安市辖区内集水面积 200 km^2 以上的河流共有 11 条，其中能够完全满足流域水量计算要求的河流数（出流口附近有水文站）为 6 条，占 55%；完全空白区，既无水文站也无水位站、雨量站的河流没有；全部河流中没有水文站，但有水位站或雨量站的河流 2 条，占 18%。泰安市集水面积在 200 km^2 以上的河流水文测站控制情况详见表 5-2。

表 5-2　泰安市集水面积在 200 km^2 以上的河流水文测站控制情况表

项目	河流数（条）	比例（%）	备注
全部河流	11		比例指各项占全部河流数比例
完全水文空白河流 n_2	0	0	未设任何流量站、水位站、雨量站
流量测验空白河流 n_3	2	18	无流量站，仅有水位或雨量站
出流口已设水文站河流 n_1	6	55	表示该河流水量可以全部控制

从上表统计结果可以看出，水文部门已设水文站的河流占全部河流数的82%，但出流口附近有水文站的河流数仅为6条，占55%，即流域水量计算控制的目标满足率为50%，水文控制情况还不尽理想。另一方面，尽管在11条流域面积200 km^{2}以上的河流中均设了水文测站，没有完全空白河流，但其中2条河流仅设立了雨量站，说明河流水量计算控制的任务尚有一定缺陷。因此在水资源量计算控制方面的水文站点数量需要增加，尤其是大汶河下游地区，以满足统一规划、调度、管理，建立权威、高效、协调的流域水资源管理体系的需要。

为了反映流域水量控制的目标满足率的历史增长过程，以评价站网在此方面发展的情况，还需绘制流域水量控制目标满足率随时间的变化曲线。具体方法是：以各河流出流口水文站的设站年限作为相关各河流水量被完全控制的时间，以1950年为起始年，每3年一个单元，计算各时间断面的满足率，绘制时间变化曲线，观察该曲线是否出现平顶现象以及出现的时间，并进行评价。流域水量控制目标满足率随时间的变化，能够反映不同时期的水文发展情况。根据评价方法绘制的流域水量控制目标满足率随时间的变化曲线见图5-1。

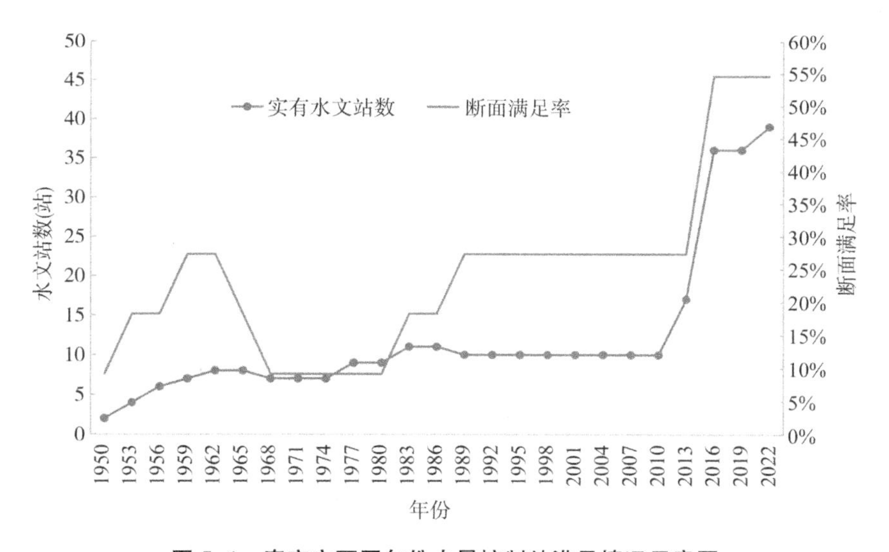

图5-1　泰安市不同年份水量控制站满足情况示意图

从图中可以看出：泰安市不同时期的实有水文站数与河流水量控制目标满足率变化基本一致，总体趋势呈现阶梯、波浪式变化。在1950—1959年间，河流水量控制目标满足率基本呈直线上升，1959—1962年出现了短暂的持平，随后的六年又显著下降，说明新中国前二十年水文站网发展先后经过快速发展和调整时期，河流水量控制目标满足率也是先增后抑；1968—1980年没有变化且断面满足率很低；1980—1989 年小幅增长，此后 24 年里水量控制目标满足率没有发生变化；在 2013—2016 年间，区域监测站的设立使河流出口断面水文站得到发展，断面满足率大幅度增长。总体来看，除新中国早期的河流水量控制目标满足率波动较大外，其他时期实有水文站和断面满足率的发展趋势基本一致。值得注意的是，2016 年至今，全市实有水文站数虽然呈现增长趋势，但断面满足率没有发生变化，仍为 50%，这种现象提醒我们应当提高对泰安市主要河流出口断面处水文站建设的重视，从而满足流域水量控制的要求，这对该市水资源调查评价意义重大。

由于各种客观条件的限制，追求 100%的水文站网目标满足率是不现实也是不必要的，但对无水文站控制的河流提出一个合理的增设测站方案，为较低的流域水量计算满足率拟定一个提高的方案，则是十分必要的。

5.2 省市界水量监测

泰安市入境河流分别为济南市的瀛汶河和大汶河(干流)2 条河流，其入境水量分别由济南市的陈北水文站和泰安市的角峪水文站监测；出境河流为东平县的小清河(东平湖出湖河道)、肥城的汇河、宁阳县的洸府河、泗河 4 条河流，其出境水量分别由黄河水利委员会(以下简称“黄委”)的陈山口水文站、济南市的陈屯水文站及济宁市的侯店闸水文站监测；出境引水渠由泰安市管理的 3 处辅助水文站监测。

5.2.1 评价方法

设立省、市界河流水文站，主要是为省级行政区域水资源的分析评价和行政区域水事管理提供可靠的水文资料。以 200 km^2 以上的省、市界河流条数为样本总体(M)，统计其中在边界附近或界河上设有水文站的河流数(m)，二者之比 $Q=m/M\times100\%$可以反映省、市界河流水量监测的满足率(%)。此目标被用来衡量水文站为各省、市级行政区域划分水资源利益提供公正资料的能力。此指标 Q 反映了现行水文站网对省、市界河流的现状控制程度，但是并不是每一条省、市界河流都是必须控制的，对需要控制的河流加以控制是 Q 值提高的目标。有控制需求的河流数 m_1 与 M 之比 $Q_1=m_1/M\times100\%$是提高 Q 值所追求的目标。

随着社会经济的发展，跨省、市河流的水量分配越来越重要，公平合理地调配水量，促进相邻省市的共同发展，显得尤为重要。在流域省、市界设置水量控制站点，可以为合理分配水量提供科学依据。

5.2.2　评价结果

在泰安市的省、市界河流中，辖区内集水面积大于 200 km^2 的河流有 4 条，分别为瀛汶河、大汶河、汇河、洸府河，东平湖陈山口以下至入黄河河段为小清河，均为市际河流且有水量控制需求，其中泰安市管理的水文站控制的河流有 1 条，占 25%。在大汶河行政区界附近设角峪水文站断面，还有 75%的市际河流未布设测验断面。泰安市出入市界河流控制水文站情况详见表 5-3。

表 5-3　泰安市出入市界河流控制水文站情况表

序号	市界河流			上游市	下游市	市界断面所在市、县名称	现有水文测站(断面)			
	流域	水系	河流				水文站		水位站	
							名称	站码	名称	站码
1	黄河	大汶河	瀛汶河	济南市	泰安市	济南市莱芜区				
2	黄河	大汶河	大汶河	济南市	泰安市	泰安市岱岳区	角峪	415Q0210		
3	黄河	大汶河	大汶河	泰安市	济宁市	济宁市汶上县	琵琶山	41501001		
4	黄河	大汶河	大汶河	泰安市	济宁市	济宁市汶上县	松山(东)	41501091		
5	黄河	大汶河	大汶河	泰安市	济宁市	济宁市汶上县	松山	41501101		
6	黄河	大汶河	汇河	济南市	泰安市	济南市平阴县				
7	黄河	黄河干流区	小清河(东平湖出湖)	泰安市	济南市	泰安市东平县(黄委设)				
8	淮河	南四湖	洸府河	泰安市	济宁市	济宁市兖州区				

泰安市水量监测控制情况按水系划分为大汶河水系、南四湖水系和梁济运河水系，大汶河水系控制比率为 33%；南四湖水系和梁济运河水系河流水量监测的满足率为 0%。出入市界河流的整体满足率只有 20%，相对偏低，今后还需增设或调整出、入境水文监测断面，以满足水量控制目标要求。泰安市集水面积大于 200 km^2 出入市界河流分水系控制情况(小清河不足 200 km^2 未统计在内)详见表 5-4；泰安市集水面积大于 200 km^2 省市界河流控制情况详见表 5-5。

表 5-4　泰安市集水面积大于 200 km^2 出入市界河流分水系控制情况统计表

序号	流域	水系	河流总数(条)	已控河流数(条)	百分比(%)
1	黄河	大汶河	3	1	33
2	淮河	南四湖	1	0	0

续表

序号	流域	水系	河流总数(条)	已控河流数(条)	百分比(%)
3	淮河	梁济运河	1	0	0
总计			5	1	20

表 5-5　泰安市集水面积大于 200 km² 省市界河流控制情况统计表

序号	项目	河流数(条)	百分比(%)	备注
1	全部省、市界河流	5		
2	有控制需求区界河流	5	100	
3	区界附近有水文站控制河流	1	20	
4	区界附近有独立水位站控制河流	0	0	不含水文站中的水位项目

5.2.3　存在的主要问题

东平湖担负着拦蓄大汶河来水、蓄滞黄河洪水和南水北调(东线)水量调蓄三个重要任务，是黄河下游重要的分滞洪工程。滞洪区总面积 626 km²，其中：老湖区 208 km² 且常年有水，属黄河流域；新湖区 418 km² 微向南倾斜、常年无水，是防御黄河特大洪水的分洪区，属淮河流域。南水北调(东线)东平湖工程是经玉斑堤穿黄进入华北和沿济平干渠东去胶东调水组成，由南水北调工程管理单位具体负责南水北调工程的运行和保护工作。

东平湖有北排和南排两个出口。陈山口、清河门为东平湖北排入黄的泄水工程，由黄委设立陈山口水文站，承担监测出湖入黄水量任务；二级湖堤建有八里湾泄洪闸、八里湾船闸，可使老湖水量通过柳长河南排(新、老湖连用工程)，目前无水文站。戴村坝水文站为东平湖入湖站、大汶河水量控制站，建站近 90 年历史，长期系统积累水文资料。经对戴村坝水文站、陈山口水文站多年水文资料统计分析，发现入湖水量和出湖水量不平衡且差值偏大，说明水文站网的功能还存在不足之处。

东平湖区需要补充和完善现有水文站网，以利于区域用水总量监测工作的开展，更好地满足水资源管理、调度与评价需求服务。

5.3　防汛测报

水文监测站网体系服务于防汛抗旱减灾、水资源管理和水生态保护工作，而防洪减灾始终是我国水文站网的一个主要服务目标。目前，全国水文监测基本实现了对大江大河及其主要支流和中小河流有防洪任务的全面覆盖，具有报汛任务的水文站网要长期保持稳定运行。

近年来，极端天气及强降水的频率和强度呈增加趋势，降水量的时空分布也显著地发生了变化[13]。历史上大汶河的洪涝灾害非常严重，甚至是毁灭性的。据《泰安市水利志》记载，清代及民国年间（至 1948 年），大汶河发生水灾 27 次。1918 年，大汶河大汶口处洪峰 10 300 m^3/s，沿河漫溢决口 70 多处，财产损失及人口伤亡是历史上最惨重的一次。1921 年，大汶河大汶口处洪峰 9 600 m^3/s，倒房万余间，沿河 66.7 km^2 耕地受灾，人民群众的生命财产也遭到了严重的损失。自新中国成立以来，大汶河出现 4 000 m^3/s 以上洪水 12 次。大汶河流域降雨一般为气旋雨、锋面雨和局部雷阵雨，常出现历时短、强度大、空间分布不均匀的暴雨。降雨量主要集中在汛期 6—9 月份，约占年降雨量的 75%，其中 7—8 月占汛期降雨量的 70%，以 7 月份出现的机会较多，8 月份次之。洪水皆由暴雨引发，大汶河发源于山区，源短流急，洪水暴涨暴落、历时短，一次洪水总历时一般在 120～140 h。大汶河干流的一般性洪水 60%～70%来源于大汶河北支牟汶河，30%～40%来源于大汶河南支柴汶河。汛期洪水集中，流量大，流速快，威胁其下游及东平湖的防汛安全。尤其是当大汶河洪水与黄河中游洪水遭遇时，东平湖对黄河洪水的滞洪将受到影响。如 2021 年秋汛期间，受长期强降雨影响，山东黄河干流、大汶河、东平湖和金堤河同时大幅度涨水，东平湖泄洪困难，防汛形势十分严峻。为有效应对抗洪抢险，泰安市采用了非常规措施，紧急启用了八里湾船闸和八里湾泄洪闸南排泄洪；南水北调工程管理单位也积极配合，加大东平湖外排输水量。在秋汛期间，泰安水文部门积极作为、主动应对，启动应急措施，夺取了水文防汛测报工作的全面胜利。为此，泰安市水文中心被泰安市防指评为先进集体，3 名同志得到省市政府、部门的表彰。

5.3.1　评价方法

根据防汛工作的实际需要，确定需要进行防汛测报的河流。通过每条有防汛需要的河流现有报汛测报系统的情况，结合具体防汛工作的实际，确定每条河流现有报汛站点的满足程度。按照评价技术细则，将报汛站满足需求程度分为 9 个级别，即 0，1%～30%，31%～50%，51%～60%，61%～70%，71%～80%，81%～90%，91%～99%，100%。对报汛总目标的评价，按防汛需求对象满足程度与总体需求的权重进行总体评价。泰安市水情报汛河流测报满足率及划分情况见表 5-6。

表 5-6　泰安市现有水情报汛河流测报满足率及划分情况统计表

序号	河流名称	水位站、水文站数量（处）	报汛站数（处）	报汛测报满足率（%）	防汛测报满足率划分	满足率分级	相应河流数（条）	百分比（%）
1	大汶河	50	43	86		0	0	0
2	柴汶河	18	14	78		1%～30%	0	0
3	瀛汶河	7	5	71		31%～50%	1	11
4	石汶河	5	3	60		51%～60%	1	11
5	泮汶河	5	5	100		61%～70%	0	0
6	羊流河	3	1	33		71%～80%	3	33
7	漕浊河	3	3	100		81%～90%	1	11
8	汇河	5	4	80		91%～99%	0	0
9	洸府河	3	3	100		100%	3	33
10	跃进河	0	0	0				
11	泗河	0	0	0		小计	9	

5.3.2　评价结果

泰安市辖区内集水面积 200 km^2 以上的河流共有 11 条，有防汛测报需求的现有水情报汛河流 9 条，占 82%；完全满足防汛测报需求的河流有 3 条，占 33%；满足率在 80%以上的河流有 1 条，占 11%；满足率在 60%～80%的河流有 3 条，占 33%；满足率在 60%以下的河流有 2 条，占 22%；除跃进河、泗河没有水文站或水位站未开展防汛测报外，现有水情报汛任务的 200 km^2 以上河流平均满足率为 82%，基本满足测报需求。尚未开展防汛测报的测站，应当增加报汛功能，以满足泰安市抗洪减灾的需要。

第六章

水文站网受水利工程影响情况

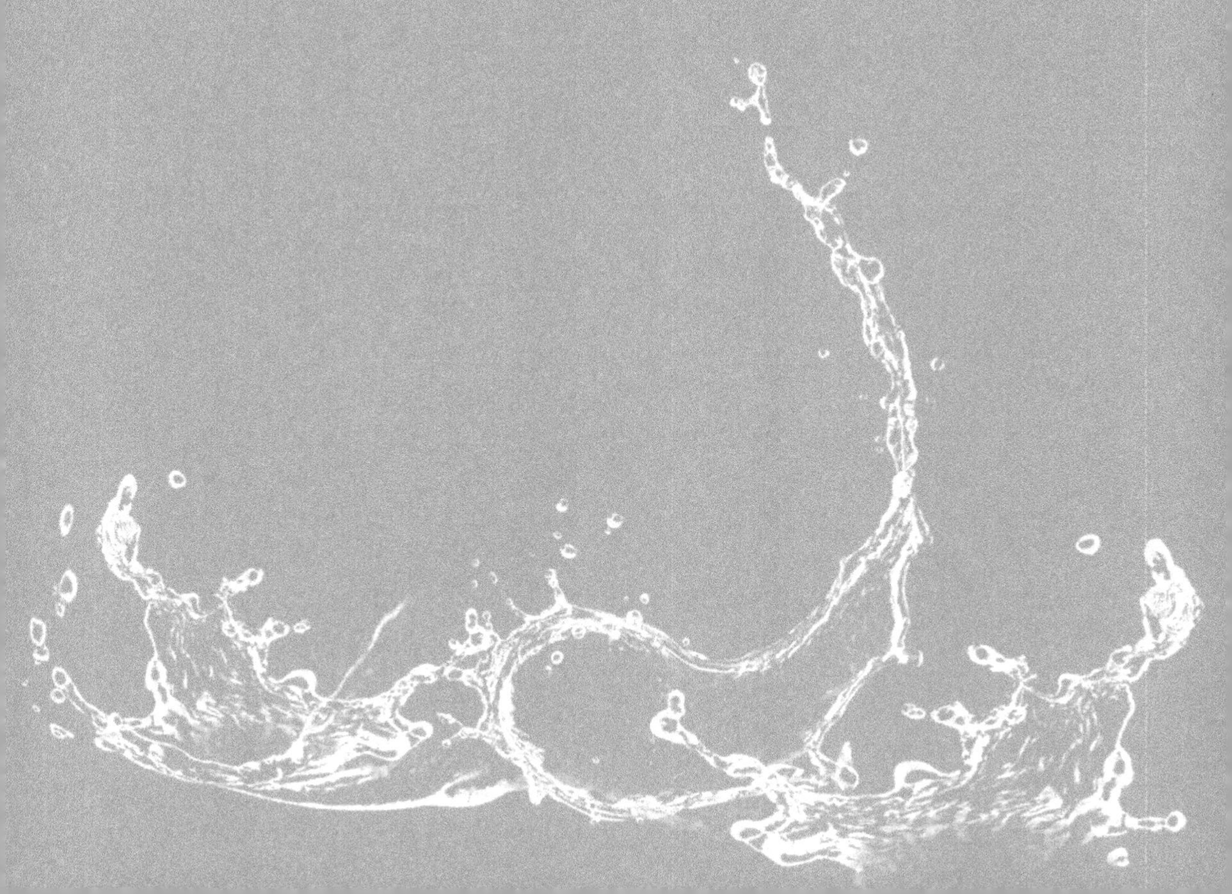

6.1　水利工程建设情况

6.1.1　概况

水是人类社会赖以生存和发展的不可替代但可调控的重要自然资源，是构成生态环境系统的基本要素。从地球上的原始生命到人类社会的出现和进化，都与水有着密切的联系，地球生物圈与人类生存和繁荣都是以液态水的存在为前提的，人类离开了水就无法生存。大汶河孕育了驰名中外的大汶口文化。

大汶河流域地表水系统，由东西贯穿于流域内的大汶河干流及其支流、位于大汶河下游的东平湖、分布于流域内的水库和洼地等水体同流域一起组合而成。大汶河流域内地表水的来源，除极少部分来自地下水的排泄外，主要靠大气降水提供。流域内的大气降水，除部分蒸发、部分入渗形成地下水外，其余形成了流域的地表径流，地表径流汇入河流、湖泊、水库和洼地后，就形成了地表水资源。始建于明朝永乐九年的戴村坝水利工程，就坐落在大汶河下游东平县境内，是明清时代拦截汶河水补给京杭运河水源的重要水利枢纽，至今已有600多年历史，被誉为“北方都江堰”，“汶河分流南北，北会黄河，南入江苏，三分朝天子，七分下江南”。可以说没有戴村坝，就没有中国历史上400余年的漕运畅通，它为明清沟通南北货运、发展经济、促进社会繁荣发挥了重要作用。

东平湖是古代大野泽的遗留水域，也是汶河、济水尾闾汇水的天然湖泊，为宋代梁山泊演变而来。由于黄河多次决口南徙，梁山泊逐渐淤积萎缩，为居民逐步垦殖。1855年黄河改道夺大清河入海后，东平湖便与黄河连通，成为河湖不分的黄河自然滞洪区。从民国年间始称东平湖分洪区，1949年、1954年、1958年黄河大洪水时，曾起到了很好的自然调蓄作用。1958年汛后修建位山水利枢纽，将原滞洪区治理成可反调节的平原水库，纳入枢纽组成部分。其功能以防洪为主，兼有灌溉、发电、水运、养殖等综合效益。后因位山枢纽以上河道溯源淤积严重，1963年位山枢纽破坝报废，保留东平湖水库，遂成为单一分滞洪水的工程。进出湖建筑物经多年修建、改建，至1985年底，已建成石洼、林辛、十里堡、徐庄、耿山口5座进湖闸及陈山口、清河门2座出湖闸。

大汶河综合治理开发与保护的思路是：以防洪除涝为主线，在保障人民群众生命财产安全的基础上，大力开发利用河道地表水，提高水资源开发利用率；进行水资源保护，严格控制流域内污染源，实现污废水达标排放，确保河道水生态恢复自然功能；做好水土保持，以减少泥沙入河量。从总体布局上，大汶河干流及其主要支流上游加强水土保持建设和小流域综合治理；主要防洪河段依托河道扩挖、疏浚和堤防工程建设，建立和完善各支流入河口桥涵工程和跨河桥梁建设；在满足防洪要求的前提下，搞好河道拦蓄水建筑物建设以及生态河道建设；建立健全防洪预警预报监测、水生态环境监测自动化体系，以实现科学管理、优化调度。

新中国成立以来，泰安市大中型水库建设经历了两个重要阶段，以防洪为主，兼农业灌溉、水产养殖为目的，向城乡居民、工业供水和生态用水发展，显著地改善水库周围的生态环境。大规模的水库工程建设，在除害兴利的同时也大大缓解了日趋紧张的水资源供需矛盾，改善了城乡居民的生活质量，在促进当地经济社会可持续发展等方面发挥着不可替代的巨大作用，为泰安市城乡居民生活用水提供了充足的水源，促进了经济可持续发展。泰安市经过多次大规模水利工程建设和综合治理，取得了较大成就，但同时也改变了流域下垫面条件，导致流域的水循环条件和产汇流规律发生变化，使一些水文站的设站目的发生变化或失去意义，这说明水利工程的建设和发展，给水文站网的布设以及现有水文站网的功能提出了新的挑战。

6.1.2 水库工程

泰安市辖区分属黄河、淮河两大流域，包括黄河流域的大汶河水系、淮河流域的南四湖水系和梁济运河水系。泰安市境内建有大中型水库 16 座，其中大汶河流域 15 座、淮河流域 1 座，总库容为 5.56 亿 m^3，控制面积 1 220 km^2。泰安市大中型水库基本情况详见表 6-1。

流域内水库工程的兴建改变了下垫面条件，尤其是通过大、中型水库除险加固工程，各中型水库均新建了闸门，使泄流过程发生了变化，给下游及流域现状带来较大影响。

6.1.3 河道工程

大汶河流域天然径流量年内变化非常不均匀，汛期洪水暴涨暴落，突如其来的特大洪水，不仅无法被充分利用，还会造成严重的洪涝灾害；枯季河川径流量很少，导致河道经常断流，水资源供需矛盾突出。多年平均 6—9 月天然径流量占全年的 76%左右，其中 7、8 两个月天然径流量约占全年的 58%，而枯季 8 个月的天然径流量仅占全年径流量的 24%左右。河川径流年内分配高度集中的特点，给水资源的开发利用带来了困难，严重制约了该区域经济社会的快速健康

表 6-1 泰安市大中型水库基本情况一览表

序号	水库名称	水库类型	河流	上级河流	所在县（市、区）	所在地	建成年份	流域面积（km^2）	总库容（万 m^3）	兴利库容（万 m^3）	管理级别		
											基本站	专用站	常年站
1	光明	大型	光明河	柴汶河	新泰市	小协镇	1958 年	134	10 001	5 485	1		1
2	黄前	中型	石汶河	瀛汶河	泰山区	黄前镇	1960 年	292	8 248	6 353	1		1
3	东周	中型	柴汶河	大汶河	新泰市	汶南镇	1977 年	189	8 613	7 256	1		1
4	大河	中型	泮汶河	大汶河	岱岳区	粥店街道	1960 年	84.5	2 997	2 234		1	1
5	直界	中型	石固河	柴汶河	新泰市	东庄镇西直界村	1967 年	26	1 180	695		1	1
6	尚庄炉	中型	小汇河	大汶河	肥城市	安驾庄镇	1960 年	141	3 422	1 020		1	1
7	角峪	中型	牧汶河	大汶河	岱岳区	角峪镇纸房村	1962 年	44	2 109	1 090		1	1
8	小安门	中型	公家汶河	瀛汶河	岱岳区	祝阳镇金井村	1961 年	36.3	1 964	1 395		1	1
9	彩山	中型	淘河	大汶河	高新区	化马湾乡	1978 年	37.5	1 686	1 185		1	1
10	山阳	中型	良庄河	大汶河	高新区	良庄镇	1960 年	47	2 201	1 238		1	1
11	胜利	中型	漕浊河	大汶河	岱岳区	满庄镇	1978 年	13.8	5 020	5 020		1	1
12	金斗	中型	平阳河	柴汶河	新泰市	青云街道办	1960 年	88.6	3 408	2 429		1	1
13	苇池	中型	羊流河	柴汶河	新泰市	羊流镇	1978 年	25.3	1 219	915		1	1
14	贤村	中型	海子河	大汶河	宁阳县	磁窑镇	1978 年	32	1 301	710		1	1
15	田村	中型	禹村河	柴汶河	新泰市	禹村镇	1979 年	15	1 069	700		1	1
16	月牙河	中型	月牙河	洸府河	宁阳县	堽城镇	1958 年	13.6	1 189	748		1	1
合计								1 220	55 627	38 473			

发展。为充分拦蓄雨洪资源，长期以来泰安结合地形特点，积极构建以河库一体为特征的生产生态供水网络，逐步探索出了以现有河道为依托，沿汶河自上而下兴建节节拦蓄的拦河（闸坝）工程，保障工农业生产、河湖健康和生态用水的新模式，形成以河道为连接、以拦河闸坝和引汶渠道为节点的条状拦引蓄水工程。大汶河沿河建有拦河（闸）坝 50 座，其中上游济南段 39 座，下游段 11 座。泰安市境内大汶河建有拦河闸坝 10 座，自上而下分别是唐庄坝、颜张坝、泉林坝、颜谢坝、汶口一号坝、汶口二号坝、砖舍坝（在建）、堽城坝、桑安口水库、戴村坝；济宁段 1 座，即琵琶山坝。大汶河干流泰安段（含济宁）拦河闸坝情况详见表 6-2。

表 6-2　大汶河干流泰安段（含济宁）拦河闸坝情况统计表

坝名	所处位置	设计标准				回水长度(m)	水面(亩)	蓄水量(万 m^3)	到戴村坝站距离(km)
		长度(m)	高度(m)	流量(m^3/s)	水深(m)				
唐庄坝	岱岳区范镇—角峪	452	5	5 757	6.3	4 300	3 150	670	
颜张坝	泰山区邱家店—岱岳区徂徕	530	5.5	6 646	8	6 400	5 650	1 820	
泉林坝	岱岳区北集坡泉林庄	422	4.5	6 640	5.5	8 000	7 400	1 300	83.2
颜谢坝	岱岳区大汶口颜谢村	433	4.5	6 760	5.5	7 000	5 150	1 220	75.5
汶口一号坝	岱岳区—宁阳县	869	5/3.5	9 680	5	8 000	1 800	1 000	67.0
汶口二号坝	岱岳区—宁阳县	535	5	8 108	7	3 500		1 240	64.0
砖舍拦河坝	肥城市汶阳镇砖舍	1 250		9 810				改建中	57.0
堽城拦河坝	宁阳县伏山镇堽城北	382	4/2.5	9 849	4	3 000		2 231	45.0
桑安口橡胶坝	宁阳县			7 910		5 600		991	
琵琶山坝	泰安—济宁	803	2	7 000		3 000		121.5	
戴村坝	东平县彭集镇南城子	200	3	7 000		3 000		121.5	8.0
合计	11 座							10 715	

6.1.3.1　拦河闸坝及其渠首工程基本情况

（1）唐庄拦蓄枢纽工程。该工程位于大汶河支流牟汶河中游，右岸为岱岳区范镇，左岸为岱岳区角峪镇。坝址在零九公路角峪大桥下游约 500 m 处。该工程于 2013 年 3 月 15 日开工，2014 年 12 月竣工。枢纽主要建筑物包括调节闸、橡胶坝、引水闸等，总长 452 m。工程作为胜利渠向胜利水库引水的牟汶河引水枢纽，年引水量约 7 470 万 m^3。

（2）颜张拦蓄枢纽工程。该工程位于大汶河支流牟汶河中游，北岸为泰山区邱家店镇，南岸为泰安市岱岳区徂徕镇。坝址在京沪高速公路牟汶河大桥下游约 2.8 km 处。该工程于 2012 年 10 月 8 日开工，2014 年 12 月竣工。枢纽主要建筑物包括调节闸、橡胶坝等，总长 530 m。

（3）泉林坝。该坝位于大汶河北支（注：大汶河干流）旧县桥下游，泰安市岱岳区北集坡镇泉林庄北。该工程于 2009 年 9 月 24 日开工，2013 年 10 月竣工。枢纽主要建筑物包括调节闸、橡胶坝等，总长 421.5 m。其下游约 4.5 km 有北望水文站测验断面。

（4）颜谢坝。该坝位于岱岳区颜谢村北、大汶河北支牟汶河的下游，1970 年 11 月开工建设，1972 年 5 月竣工。其配套工程建有颜谢引河渠首工程，设计引水流量 7 m^3/s，灌溉汶口镇北部农田，设计灌溉面积 12.5 万亩。1974 年洪水冲垮砌石坝及冲砂闸。2009 年 9 月 24 日开工改建，2013 年 10 月竣工。枢纽主要建筑物包括调节闸、橡胶坝等，总长 433 m。其上游约 3 km，有北望水文站测验断面。

（5）汶口一号坝。该坝位于两大支流柴汶河与牟汶河交汇处，大汶口镇东南部，津浦铁路大桥上游 1 300 m。原为实用堰型浆砌石滚水坝，坝体两端建有南、北灌区。汶口北灌渠引汶工程始建于 1959 年，灌溉汶口镇西部的农田；大汶口南灌渠引汶工程在宁阳县茶棚村东，1964 年建成，灌溉宁阳县蒋集、堽城等乡镇农田。灌区年均引水 0.8 亿 m^3，其中向月牙河水库送水 0.5 亿 m^3，设计灌溉面积 5 万亩。

2020 年汶口坝进行除险加固，2021 年 5 月蓄水验收，设计洪水标准为 50 年一遇 9 680 m^3/s，正常蓄水位为 98.00 m，主要建筑物包括左、右拦河闸及引水闸、汶口电站、溢流坝、挡水墙等。右岸拦河闸为开敞式拦河闸，共 22 孔；溢流坝净宽 144 m，堰顶高程为 98.00 m；左岸拦河闸为开敞式拦河闸，共 8 孔。其下游约 1.2 km，有大汶口水文站测验断面。

（6）汶口二号坝拦河枢纽工程。该工程位于大汶河干流、京福高速公路桥西 1.1 km，于 2011 年 9 月 24 日开工，2014 年 12 月竣工。枢纽主要建筑物包括调节闸、橡胶坝、水电站、引水闸等，总长 534.55 m。设计蓄水位 92.60 m，最大坝高 7.0 m，回水至明石桥，长约 3.5 km，蓄水量 1240 万 m^3。其上游约 3 km，有大汶口水文站测验断面。

（7）砖舍坝。该坝始建于 1967 年，左岸为宁阳界，右岸为肥城市汶阳镇砖舍村，坝长 1 250 m，高 1.2 m，为浆砌石溢流坝，拦大汶河水入漕河，以补给肖店引河灌溉工程水源，通过该坝北侧的砖舍引水闸控制，最大引水流量 30 m^3/s。该坝 2004 年被洪水冲毁，失去原引水功能，截至 2023 年正在改建中。该坝管理部门为肥城市水利局。

(8) 堽城坝。该坝位于宁阳县堽城北,济兖公路堽城大桥上游。1473 年9月,动工兴建堽城石坝,1474 年 11 月竣工。引汶水入洸河,至济宁以济运,使济宁至东平运河段航运畅通,同时也兼有灌溉农田之利。后来,引汶济运工程逐渐下移至戴村坝,堽城坝则年久失修。为了充分利用大汶河水资源,1958 年堽城坝在旧址又重建,设计引水流量 12.6 m^3/s,使宁阳县西部 30 万亩旱田得到了灌溉,古老的堽城坝又开始为人民造福。1995 年,有关部门对堽城坝进行改建,2020 年除险加固。蓄水量 2 231 万 m^3,设计灌溉面积为 30.15 万亩。

(9) 桑安口水库橡胶坝。该坝位于宁阳县鹤山乡段,距下游中皋大桥约 2.5 km。该工程于 2015 年 10 月开工,2016 年 9 月投入使用。回水长度约 5.6 km,蓄水量 991 万 m^3。该水库管理部门为宁阳县河道管理局和肥城市河道管理局。

(10) 琵琶山坝。琵琶山坝为边界工程,始建于 1966 年,左岸为济宁市汶上县界,右岸为泰安市肥城界,2004 年重修。该坝管理部门为汶上县水利局。

(11) 戴村坝。戴村坝始建于明朝永乐九年(1411 年),也是我国古代著名的水利工程。2002—2003 年按照修旧如旧的原则,对大坝进行了全面的加固整修并增建下游消力池,使戴村坝这座古坝获得了新生,坝体固若金汤,各项功能得到了恢复,戴村坝雄姿重现于世人面前。渠首在东平县戴村坝上游,1966 年9月开工,1967 年 5 月竣工。利用戴村坝抬高水位,自流灌溉彭集和沙河站两镇的农田。设计引水流量 5 m^3/s,灌溉面积 2.5 万亩。该坝的管理部门为黄河水利委员会。

大汶河干流泰安段(含济宁)拦河闸坝位置见图 6-1。

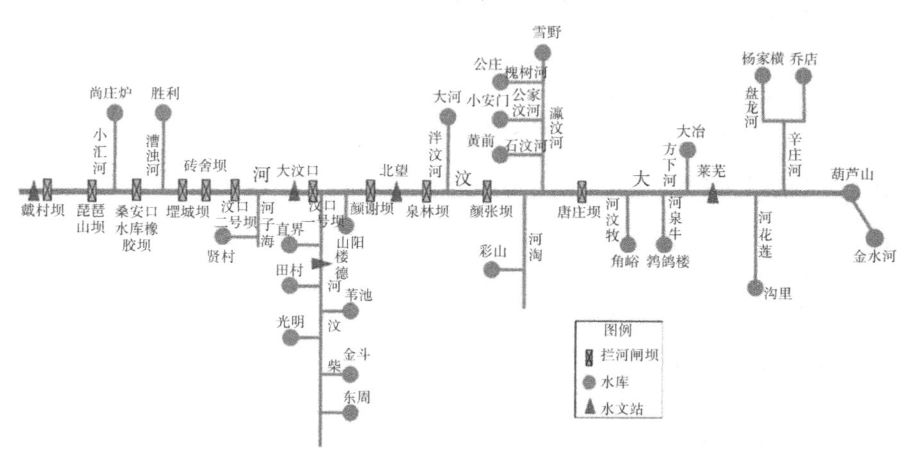

图 6-1 大汶河干流泰安段(含济宁)拦河闸坝位置示意图

南水北调东线工程山东境内南北干线全长 487 km，自苏鲁省界经韩庄运河进入南四湖，经梁济运河、柳长河进入东平湖，在解山和位山之间穿黄河（隧道），入小运河，沿卫运河入七一、六五河，在武城进入大屯水库调蓄。东西干线即胶东输水干线，全长 704 km，由东平湖渠首分水闸引水，沿济平干渠、小清河至引黄济青，再由引黄济青至宋庄分水闸分水至烟台、威海。干线汇水区域包括东平湖、南四湖流域、海河流域和胶东半岛，涉及枣庄、临沂、济宁、菏泽、泰安、莱芜、聊城、德州、济南等市。

6.1.3.2　河道洪水分级及大汶河拦蓄工程调度运行目标

（1）洪水分级。大汶河设计防洪标准为 50 年一遇，按流量分为三级，即一般洪水、现状标准内洪水、超标准特大洪水。干流防汛警戒流量为 3 000 m^3/s，保证流量为 7 000 m^3/s，超标准特大洪水流量为 7 000 m^3/s 以上。

（2）工程调度运行的目标。大汶河拦蓄工程汛期控制运用的目标是：保证上游洪水安全下泄，确保汛期河道安全度汛；科学、快速、安全塌落橡胶坝，确保橡胶坝安全运行；协调兴利与防洪的矛盾，最大限度地发挥工程的景观效益，提高洪水资源化利用程度。上述目标具体可归纳为防洪安全、工程安全和效益最大化三个方面。

6.2　水利工程对水文站网的影响

水利工程对水文站网的影响主要有 4 种形式：一是工程设在水文站控制断面以上，改变了天然河流的水量变化规律，造成水文资料失真；二是水利工程设在水文站控制断面下游，使水文测站断面置于回水区内，无法正常开展测验工作；三是平原区水文站的上下游闸涵众多，使得流域不闭合，水账算不清，需增加多个测验断面；四是工程直接建在水文测验河段上，使水文站失去设站目的，迫使水文站搬迁等。随着城市发展，城镇化进程加快，为了改善供水和生态旅游环境等，一些地方在城镇附近的河流上也相继建立了橡胶坝，使水文站的中、低水测验受到影响，正常测验无法进行[14]。

6.2.1　影响等级划分

按照《水文站网规划技术导则》要求，水利工程对水文站的影响程度可分为轻微影响、中等影响、严重影响。其影响程度应由水文资料的一致性受到破坏的程度来决定。

（1）测站月年径流量、输沙量在涉水工程建设、运行前后的改变小于10%，为轻微影响；改变在10%和50%之间，为中等影响；改变大于50%，为严重影响。

（2）水文站测验断面受涉水工程影响，导致水位流量关系等水文特性发生的改变小于10%，为轻微影响；改变在10%和50%之间，为中等影响；改变大于50%，为严重影响。

结合受水利工程影响因素，泰安市河道水文站可分为受上游大中型水库工程控制运行影响和受测验断面上下游附近拦河闸坝工程控制运行影响。另外，大汶河干流还受引汶水量影响。大量的拦蓄水工程的建设，削减了水文测验断面的洪峰流量，给主要水文要素过程带来一定的影响。其中，有3处大河控制站、2处区域代表站受到了一定程度的影响。泰安市水文站网受水利工程影响情况见表6-3。

6.2.2 水利工程对水文站影响的实质

凡为了满足当前应用需求的水文站，不需要考虑水利工程对水文资料连续性和一致性的影响问题，因为这类站收集水文资料，本身就是为了反映在现状水利工程运行条件下河道水位、流量、含沙量的变化情况，工情发生变化，资料系列也自然随之变化。

凡为了满足将来应用需求的测站，即在设站初期，遵循流域代表性原则和均匀布设原则设立的水文站，应考虑水文资料的连续性和一致性，尽可能避免或减少水利工程影响。

布设大河控制站的目的是为防汛抗旱，水环境保护，水资源调查评价、开发和利用，水工程规划、设计和施工，科学研究及其他公共需要提供基本数据。大汶河处在同一个水文分区，其断面流量基本反映流量特征值的空间分布，对这类测站，在其受水利工程影响后，要注意算清水账及资料的水量平衡问题。区域代表站设置的目的，在于控制流量特征值的空间分布，使断面水文特征值与河流所在流域的参数可以建立相关关系，从而将此关系移用于同一水文分区内其他相似的无资料流域，这是水文站网布设中的最重要的一部分工作。要反映这种相关关系，必须保持一定长度和相对一致的水文资料，因此，对承担区域代表站职能的水文站，必须重点考虑水利工程的影响问题。布设小河站网的主要目的在于收集小面积暴雨洪水资料，探索产汇流参数在地区上和随下垫面变化的规律，以便无资料小流域移用。小河站虽也应考虑资料的一致性问题，但因集水面积小，在反映区域水文特性方面不起重要作用，因此，在遭受水利工程影响后，如给观测工作带来较大负担，可考虑撤销。

表 6-3　泰安市水文站网受水利工程影响情况统计一览表

序号	测站名称	流域	水系	河流	集水面积（km^2）	设站年份	多年平均径流量（亿 m^3）		站类			受水利工程影响情况								
												影响来源			影响程度			测站任务调整情况		影响年份
							实测	天然	大河控制站	区域代表站	小河站	大中型水库	拦河闸坝	引汶灌区	轻微影响	中等影响	严重影响	已调整，说明调整情况	未调整	
1	北望	黄河	大汶河	大汶河	3 551	1952 年	4.9	6.8	1			1				1			1	各工程建成运行后
													1			1			1	
														1	1				1	
2	大汶口	黄河	大汶河	大汶河	5 696	1954 年	8.8	11.5	1			1				1			1	
													1			1			1	
														1	1				1	
3	戴村坝	黄河	大汶河	大汶河	8 264	1935 年	7.7	12.6	1			1				1			1	
													1			1			1	
														1	1				1	
4	楼德	黄河	大汶河	柴汶河	1 668	1987 年	3.1	3.8		1		1				1			1	
													1		1				1	
5	瑞谷庄	黄河	大汶河	羊流河	200	1982 年				1		1			1				1	

续表

序号	测站名称	流域	水系	河流	集水面积(km^2)	设站年份	多年平均径流量(亿 m^3)		站类			受水利工程影响情况								
												影响来源			影响程度			测站任务调整情况		影响年份
							实测	天然	大河控制站	区域代表站	小河站	大中型水库	拦河闸坝	引汶灌区	轻微影响	中等影响	严重影响	已调整，说明调整情况	未调整	
6	邢家寨	黄河	大汶河	泮汶河	374	1982 年				1		1			1				1	各工程建成运行后
													1		1				1	
7	马庄	黄河	大汶河	漕浊河	244	1982 年				1		1			1				1	
8	东王庄	黄河	大汶河	漕浊河	600	1982 年				1		1			1				1	
9	谷里	黄河	大汶河	柴汶河	900	1982 年				1		1				1			1	
													1		1				1	
10	宁阳	淮河	南四湖	洸府河	233	1982 年				1		1			1				1	

水文站在遭受水利工程影响后，需要从继续保持水文资料一致性角度出发进行站网调整或开展还原计算的，主要是区域代表站，其次是小河站。对其他承担当前应用需求的大河控制站，在遭受拦河闸坝水利工程影响后，不需要考虑维护资料一致性的问题，仅需采取措施避开或减少工程对测验断面正常工作造成的干扰或破坏即可。平原水网区的水文站网，由于所在区域渠系互通，无闭合流域，水流往复大多处于人工调节中，其性质与满足当前需求的水文站网是一样的，也不作为分析的对象。

在水资源评价、服务于工程设计的洪水分析计算等水文资料应用时，需要对水文资料进行还原计算和一致性的分析处理。

6.2.3　水利工程对大河控制站的影响

6.2.3.1　水利工程对大河控制站影响现状

泰安市现有北望水文站、大汶口水文站、戴村坝水文站 3 处大河控制站受到水利工程影响。从 1958 年至 1979 年二十多年间，大汶河上游修建了大量的大中小型水库，受水利工程影响的大河控制站于 1958 年前完成了设站，未受水库工程影响的天然状态的水位、流量、泥沙等水文资料系列年份小于 5 年，60 多年来均处于现状条件下的监测运行状态；2009 年以来在大汶河干流河道上又先后建设了拦河闸坝、橡胶坝工程。

北望水文站控制大汶河北支(大汶河主流)以上流域，集水面积 3 551 km^2，其中大中型水库 13 座，控制面积 1 507 km^2，占集水面积的 42%。建站以来先后两次迁移断面，现为断面(三)。多年平均径流量实测为 4.9 亿 m^3、天然为 6.8 亿 m^3，实测占天然的 72%。断面上游河道建有泉林橡胶坝，下游有颜谢橡胶坝，有渠首引水工程。

大汶口水文站由原临汶水文站于 2000 年上迁 10 km 更名而来，控制大汶河南、北两大支流，集水面积 5 696 km^2，其中大中型水库 21 座(含济南市莱芜区 8 座)，控制面积 2 038 km^2，占集水面积的 36%。多年平均径流量实测为 8.8 亿 m^3、天然为 11.5 亿 m^3，实测占天然的 77%。断面上游河道建有汶口拦河闸，下游河道有汶口二号坝，有渠首引水工程。

戴村坝水文站控制大汶河干流，集水面积 8 264 km^2，其中大中型水库 23 座(含济南市莱芜区 8 座)，控制面积 2 225 km^2，占集水面积的 27%。多年平均径流量实测为 7.7 亿 m^3、天然为 12.6 亿 m^3，实测占天然的 61%。断面上游河道建有戴村坝，下游有东平湖，有渠首引水工程。

以上 3 站均受到水利工程影响，测站任务未调整。根据不同需求，在资料使用时应进行水量平衡分析和还原计算。

6.2.3.2 受水利工程影响大河控制站的调整对策

受水利工程影响的大河控制站，一般不需要考虑保持资料的一致性的问题，将测验断面迁到能保证测验工作正常开展的位置即可。资料使用时应对工程建设前的水文资料系列与新的资料系列进行工程建设前后的处理分析。受到工程建设影响的水文站，由于原有稳定的水、流、沙关系被破坏，原测验方案布置测次不能很好地控制水、流、沙变化过程，必须通过改变测验方式、增加保障能力来解决。

从测验方面讲，上游大中型水库的建设运行对下游大河控制站不会造成测验任务的改变。大中型水库汛期控制运用及调洪原则是：在确保水库工程安全的前提下，充分发挥现有工程除害兴利的作用，保证面对超标准洪水有对策不垮坝、非常洪水保安全、中小洪水尽量使下游少受淹，合理运用、灵活掌握，力争汛末蓄足兴利水，保障灌区农业生产用水和下游人民生命财产安全。遇正常洪水时，在确保工程安全的前提下，充分发挥水库拦洪削峰，保护下游安全的作用，并最大限度地蓄水，满足兴利用水要求；遇非常洪水，即接近或超过警戒水位，但不超过现状防洪标准，需敞泄自由泄洪的洪水，要确保水库工程安全，此时水库及其上下游都要采取防洪抢险和必要的安全转移群众的措施，减轻洪灾损失，保证人民生命安全，并不失时机地拦蓄峰后尾水供日后利用；遇超标准洪水，要采取临时应急措施，尽最大努力保大坝。下游则要在全力抢险的同时，组织可能受淹的群众安全转移，最大限度地缩减灾情，确保人民生命安全。洪水后期，根据工程安危情况，拦蓄尾水兴利。

对处在河道橡胶拦河坝工程间的北望水文站、大汶口水文站，需要根据拦河坝调度运行情况，通过改变测验方式完成测验任务。河道拦河闸坝方案为：大汶河拦蓄工程汛期调度分为非主汛期、主汛期 2 个时期，6 月 1 日—6 月 19 日、8 月 21 日—9 月 30 日为非主汛期，6 月 20 日—8 月 20 日为主汛期。塌坝顺序为逆序塌坝，先下游后上游，即从最下游的汶口二号橡胶坝开始塌坝，依次为汶口二号坝、汶口一号坝、颜谢、泉林、颜张、唐庄橡胶坝。非主汛期，各坝坝袋降低 1.4 m，保证下泄流量 1 000 m^3/s，当河道内流量超过 1 400 m^3/s 时，塌坝运行；主汛期，各坝坝袋降低 1.8 m，保证下泄流量 2 000 m^3/s，当河道内流量超过 2 000 m^3/s 时塌坝运行；非常情况下同时塌坝。

从拦河坝工程调度运行方案可以分析出，平水期和枯水期受闸坝拦蓄影响时间较长，基本断面处小流量测验时，由于过水面积较大、流速太小而影响较大，常常需要采用临时断面进行流量测验；汛期或主汛期受影响期间，应争取水利水电工程管理单位向水文部门提供诸如闸门的开启变化及泄流关系曲线等资料。工程自动测报系统收集的信息，应与水文部门联网，双方实现资料共享，互惠互利。水文部门根据调度运行方案等信息加密测验频次，加强数据的分析对比；对于断面以上有引汶取水工程的，均在渠首处设立流量监测断面作为辅助站长期观测。由于使用常规手段不仅耗时，而且往往不能把握好测验时机，因此应大力引进新仪器新设备并投产应用，如 ADCP、电波流速仪、雷达式测速仪、OBS 现场测沙仪等。

2018 年以来，戴村坝水文站受南水北调东平湖调蓄和京杭运河大清河航道影响，其基本测验断面的流量、泥沙项目不能正常监测，迫使这两个项目上迁 7.4 km、戴村坝下游 1.2 km 处采用辅助断面（水文缆道）进行测验，原断面仍保留水位观测项目。对于整条河流呈梯级开发，水文站“迁无可迁”的，要考虑水文站与水利工程结合。在测站搬迁时，要适当考虑调整测站功能，尽量实现与水利工程结合和为工程提供服务的目的，同时实现水资源评价和算清水账的目的。

总之，对于属工程水文的大河控制站，水文测验主要是为水利工程服务的，水文资料足可以满足其要求，不需要调整。对于非工程水文的大河控制站，如果因工程影响使得水文测验难以进行时，可以考虑增设辅助断面、迁移测站位置并与工程相结合；如果因工程影响降低了测验精度，使用常规测验手段又达不到要求时，可以考虑引进先进的测验仪器，使其满足测验要求。对于因引水工程引起水量控制不全者，可以通过增设辅助观测断面或水量调查断面来控制水量。

6.2.4 水利工程对区域代表站的影响

6.2.4.1 水利工程对区域代表站影响现状

泰安市现有区域代表站 10 处，受水利工程影响的 7 处，占区域代表站总数的 70%；不受水利工程影响的 3 处，占区域代表站总数的 30%。受水利工程严重影响的 0 处，受水利工程中等影响的 2 处，占全部区域代表站的 20%，占受影响区域代表站的 29%；受水利工程轻微影响的 5 处，占全部区域代表站的 50%，占受影响区域代表站的 71%。泰安市区域代表站受水利工程影响比例见图 6-2。

楼德水文站为基本站，控制大汶河南支柴汶河以上流域，集水面积 1 668 km^2，有大中型水库 5 座，控制面积 452 km^2，约占集水面积的 27%。其多

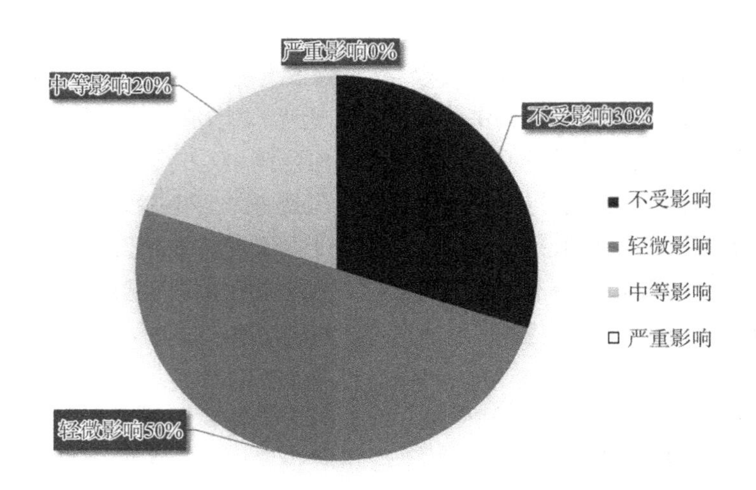

图 6-2　泰安市区域代表站受水利工程影响比例示意图

年平均径流量实测为 3.1 亿 m^3、天然为 3.8 亿 m^3，实测占天然的 82%。断面上下游附近无大型拦河闸坝、无渠首引水工程，影响程度分为中等。

瑞谷庄水文站为基本站，控制柴汶河支流羊流河以上流域，集水面积 200 km^2，有中型水库 1 座，控制面积 25.3 km^2，约占集水面积的 13%，断面上下游附近无大型拦河坝和渠首引水工程，影响程度分为轻微。

邢家寨水文站为专用站，控制大汶河支流泮汶河以上流域，集水面积 374 km^2，有中型水库 1 座，控制面积 84.5 km^2，约占集水面积的 23%，断面下游附近有泉林拦河坝、无渠首引水工程，影响程度分为轻微。

马庄水文站为专用站，坐落在漕浊河上，集水面积 244 km^2，上游有中型水库 1 座，控制面积 13.8 km^2，约占集水面积的 6%，断面上下游附近无大型拦河闸坝、无渠首引水工程，影响程度分为轻微。

东王庄水文站为专用站，坐落在漕浊河上，集水面积 600 km^2，上游有中型水库 1 座，控制面积 13.8 km^2，约占集水面积的 2%，断面上下游附近无大型拦河闸坝和渠首引水工程，影响程度分为轻微。

谷里水文站为专用站，坐落在大汶河南支柴汶河上，集水面积 900 km^2，有大中型水库 3 座，控制面积 411.6 km^2，约占集水面积的 46%，断面上下游附近无大型拦河闸坝、无渠首引水工程，影响程度分为中等。

宁阳水文站为专用站，坐落在洸府河上，集水面积 233 km^2，有中型水库 1 座，控制面积 13.6 km^2，约占集水面积的 6%，断面上下游附近无大型拦河闸坝、无渠首引水工程，影响程度分为轻微。

6.2.4.2　受水利工程影响区域代表站的调整对策

区域代表站的设站目的是控制流量特征值的空间分布，通过径流资料的移用技术，提供分区内其他河流流量特征值或流量过程，因此需考虑资料的连续性和一致性问题。它们是受水利工程影响分析和站网调整的主要对象。调整原则如下：

(1) 进行水文分区。为了实现内插径流特征值，往往需要根据地区气候、自然地理条件和水文特征值，进行区域划分，称为水文分区。应争取在每一个水文分区内不同面积级的河流上设1～2个水文站，作为区域代表站，成为向同一水文分区内其他相似级别河流上进行径流移用的基础。

(2) 分析设站年限。对受工程影响区内的水文站，根据相关统计、检验方法，分析设站年限，确定该站是否已取得可靠的平均年径流资料。

(3) 分析影响程度。影响程度分为轻微、中等和严重三级。当为轻微影响时，测站保留，一般情况下不做辅助观测及调查；当为中等影响时，测站保留，一定要作辅助观测及调查，扩大面上资料收集，为需要时配合开展还原计算奠定基础；当为严重影响时，一般可以撤销，但应在同一水文分区内补设具有相同代表作用的新站。

(4) 确定调整方案。对于属工程水文站，可以通过蓄水、放水来推求来水量，不需调整测站。对于属非工程水文站，上游有蓄水或引水工程的可以增加辅助测验断面来控制上游放水和引水，下游有蓄水工程的可以增加枯水观测断面或迁移断面。当区域代表站和小河站受水利工程影响显著或严重，需要撤销测站或取消代表站资格并调整测站任务时，需要先判断同一水文分区同一面积级的其他河流，有无同样代表性测站，或分析计算测站是否达到设站年限。若同一水文分区同一面积级的其他河流上有同样代表性测站，且年限已达到设站年限，可以撤站或取消其代表站资格。经调整后要保证分区内不出现空白站点。

6.2.5　水利工程对水文站影响调整

北望水文站、大汶口水文站、戴村坝水文站为大河控制站，受水利工程影响程度为中等，受工程影响期间，通过增设辅助断面、迁移测站位置等改变测验方式继续进行水文测验，没有造成测验任务的改变，故测站任务未调整。因工程影响降低了测验精度，使用常规测验手段又达不到要求时，可以考虑引进先进的测验仪器，使其满足测验要求；因受引汶取水工程影响，其影响程度为轻微，在渠首处设立流量监测断面并作为辅助站进行长期观测。在资料使用时，根据实际需要应进行资料分析处理及还原计算。

泰安市现有区域代表站 10 处，受水利工程影响的有 7 处，其中：瑞谷庄水文站、邢家寨水文站、马庄水文站、东王庄水文站、宁阳水文站影响程度为轻微，测站任务未调整，且不需还原计算；谷里水文站、楼德水文站影响程度为中等，测站任务未调整，在资料使用时，根据实际需要应进行资料分析处理及还原计算。

第七章

水文分区与区域代表站

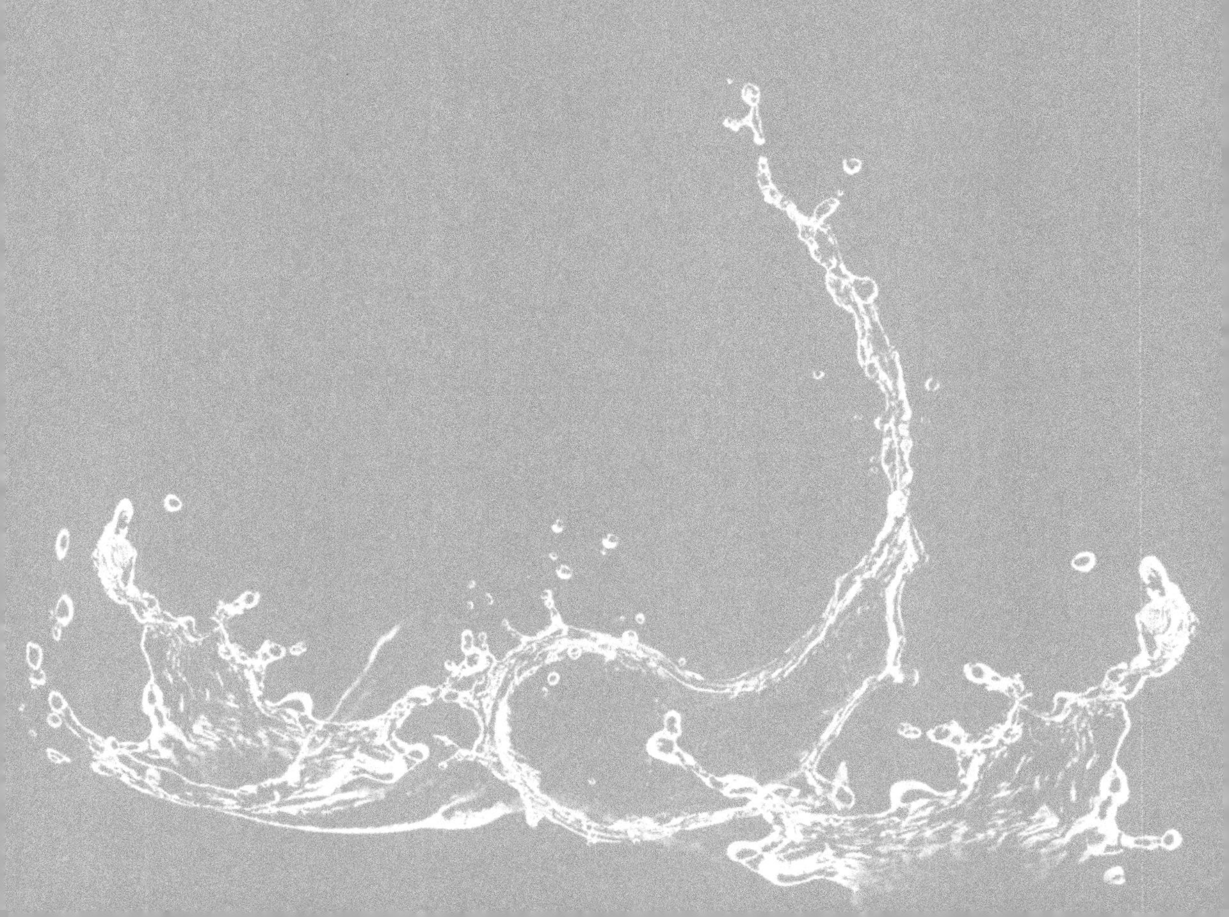

7.1　水文分区

7.1.1　水文分区的目的

水文分区是根据地区的气候、水文特征和自然地理条件所划分的不同水文区域。水文分区的目的在于从空间上揭示水文特性的相似性、共性与个性，以便经济合理地布设水文站网，探索水文规律，内插出无资料地区的各种水文特征值。

水文分区是规划区域代表站的依据，流域内水文要素变化一致的区域，可划分为一个水文分区。将水文分区内中等河流面积分为若干级，从每个面积级的河流中，在有代表性的支流上设立水文站，即作为代表站。水利部门通过代表站观测资料的积累，得到不同水文区域内的水文规律，实现水文资料向同类无资料河流移用的目的，以最优化的站网布局完成最大化的资料采集任务。

7.1.2　水文分区原则

不同水文分区目的所选择的水文因子不同。在水文站网的优化与调整过程中，区域代表站是无资料地区进行资料移用的依据，是流量站中最重要的组成部分之一。布设区域代表站的主要目的就在于控制流量特征值的空间分布，探索径流资料的移用，解决同一个水文分区内任意地点流量特征和过程的内插与计算。水文分区的重点是确定分区的指标和分区系统[15]。按照以下原则进行水文分区[16-18]。

(1) 综合分析原则：首先要分析水量平衡要素、径流的年内分配和河流动态补给类型等动态水文要素；其次分析水体类型、水网密度和河谷形态特征等变化缓慢的水文要素；最后综合分析这两个方面的因素，结合气候、地形划分出反映水文现象和地理自然的区域。

(2) 相似性与差异性原则：此方法的原则是要选定划分指标，根据指标将大体上相似的区域划分到一起，但划分的区域内部特征仍然有一定的差异性，这些差异性就是划分更低一级的依据。

(3) 成因分析原则：对根据相似性原则划分的水文分区，还应当分析这些水文现象的成因。同一个水文现象可以由不同的自然地理条件引起，同一个水文分区内在成因上应该保持相似性，因此对水文过程进行成因分析来划分界限。

(4) 主导因素原则:找出流域内引起水文现象的主要因素,以此作为划分依据。

(5) 河系完整性原则:在划分区域的过程中尽可能保证河流水系的完整性。

7.1.3 水文分区方法

水文分区主要有以下常用的4种方法[19,20]。

(1) 自然地理水文分区法

新中国成立初期由于水文资料短缺,假设水文分区根据自然地理景观来划分,以地质、地貌发生显著改变的边界作为水文分区的边界线或者根据行政区域划分水文分区。根据自然地理进行水文分区不能保证分区的一致性,它存在随意性,不同的研究者在相同条件下能得出不同的分区。

(2) 等值线图法

此法是对实测水文要素资料进行统计分析,根据水文要素均值、变差系数和等值线图,再结合地形图、土壤厚度等特征做相关分析并建立模型或经验公式。但是此方法中,同一区域内的不同站网密度和不同资料对分区影响很大。

(3) 流域水文模型参数法

此法具体研究过程可以参考20世纪80年代八省一校做过的分区,选用流域下垫面、植被和土壤等因子与新安江模型相关关系进行单项分析,再按照分区原则进行综合水文分区,但该法不适用于干旱和资料少的地区。

(4) 统计分析法

以统计参数为指标进行分区。此法适用于对水文站网的规划,它可以确定每一地区的最小站数和设站的大概位置,以及对无资料地区资料的移用。常用的几种统计法包括多元回归法、方格网法、人工神经网络、模糊聚类等。

7.1.4 水文分区

本次泰安水文调查评价按照四级区套县级行政区分区进行评价。行政区统一采用截至2016年12月31日山东省最新行政区划;水文分区是在中国科学院熊倪教授划分的全国一级和二级共56个水文分区基础上,结合原先划分的水文分区,综合考虑气候、地形、地质、植被等因素对径流的影响,并考虑到以流域内行政区域为单元,按照区域内的水文特点进行了分区的划分,之后又结合第三次水资源评价的成果对分区的精度和稳定性进行了验证,形成本次评价所用的四级区套县级行政区水文分区统计见表7-1。

表 7-1　泰安市水文分区(套县级行政区)统计表

<table>
<tr><th colspan="4">水文分区</th><th rowspan="2">行政分区</th><th rowspan="2">分区面积(km^2)</th><th rowspan="2">评价面积(km^2)</th></tr>
<tr><th>一级</th><th>二级</th><th>三级</th><th>四级</th></tr>
<tr><td rowspan="7">黄河区</td><td rowspan="6">花园口以下区</td><td rowspan="6">大汶河</td><td rowspan="6">大汶河区</td><td>泰山区</td><td>337</td><td>337</td></tr>
<tr><td>岱岳区</td><td>1 750</td><td>1 750</td></tr>
<tr><td>肥城市</td><td>1 277</td><td>1 277</td></tr>
<tr><td>新泰市</td><td>1 652</td><td>1 652</td></tr>
<tr><td>宁阳县</td><td>465</td><td>465</td></tr>
<tr><td>东平县</td><td>1 082</td><td>1 082</td></tr>
<tr><td>花园口以下区</td><td>花园口以下干流区间</td><td>黄河干流区</td><td>东平县</td><td>96</td><td>96</td></tr>
<tr><td rowspan="4">淮河区</td><td rowspan="4">沂沭泗河区</td><td rowspan="4">湖东区</td><td rowspan="2">邹泗区</td><td>新泰市</td><td>281</td><td>281</td></tr>
<tr><td>宁阳县</td><td>33</td><td>33</td></tr>
<tr><td rowspan="2">汶宁区</td><td>宁阳县</td><td>627</td><td>627</td></tr>
<tr><td>东平县</td><td>162</td><td>162</td></tr>
<tr><td colspan="2" rowspan="3">合计</td><td colspan="3">大汶河区</td><td>6 563</td><td rowspan="3">7 762</td></tr>
<tr><td colspan="3">花园口以下干流区间</td><td>96</td></tr>
<tr><td colspan="3">湖东区</td><td>1 103</td></tr>
</table>

7.1.4.1　大汶河区

大汶河流域水系复杂，支流众多，流域面积大于 50 km^2 以上的支流 43 条。大汶河汶口坝以上为大汶河上游，是大汶河的主要集水区，分南北两大支流。北支称牟汶河(大汶河干流)，支流主要有瀛汶河、石汶河和泮汶河；南支为柴汶河，流域沿途有平阳河、光明河、羊流河、禹村河等河流汇入。汶口坝至戴村坝为大汶河中游，戴村坝以下至东平湖为大汶河下游，中下游主要有漕浊河和汇河汇入。

大汶河区在泰安市内面积为 6 563 km^2，其分布情况为：泰山区 337 km^2，岱岳区 1 750 km^2，肥城市 1 277 km^2，新泰市 1 652 km^2，宁阳县 465 km^2，东平县 1 082 km^2。该区域内的河流大多为暴涨暴落的山溪性河流，上游山区中小河流源短流急，水库工程星罗棋布，受地形影响易发生局部暴雨洪水。因山区上游蓄水工程较多，调蓄能力较强，区域内代表站功能较强，基本能够反映降水径流关系，但上游水利工程和河道拦河闸坝工程对测验有一定影响。中游多山区丘陵，下游以平原为主。

7.1.4.2 黄河干流区

黄河干流区在泰安市东平县境内介于东平湖与黄河干流的区间，流域面积仅为96 km^2。其南依的东平湖为全省第二大淡水湖，上承汶河来水，南与运河相连，北有小清河与黄河相通，是黄河下游最大的滞洪区。

7.1.4.3 邹泗区

该区在泰安市南部沿蒙山支脉南麓东西分布着两片，分辖于新泰市、宁阳县。其中，新泰市281 km^2、宁阳县33 km^2，辖区内有泗河支流石莱河、险河等河流，河流出境后分别流入华村水库、贺庄水库等济宁市境内的泗河，经泗河入南四湖。区域内除有石莱、放城2处雨量站外，没有其他水文站点，受地形影响易发生局部暴雨洪水。

7.1.4.4 汶宁区

该区在泰安市南部沿蒙山支脉西侧和大汶河、大清河南岸，东西分布着两片。其中，宁阳县627 km^2、东平县162 km^2，分属南四湖水系和梁济运河水系。区域内河流众多：有洸府河、赵王河等河流注入南四湖，湖东排水河、柳长河等河流经梁济运河流出。区域内有小河站2处、区域代表站1处，为平原区河道站，具有一定的代表站功能，由于资料系列较短需要进一步收集，以便更深入地研究降水径流关系等水文规律。

7.2 区域代表站评价

7.2.1 区域代表站分布评价

泰安市现有区域代表站10处，按照四级水文分区分布在大汶河区9处、汶宁区1处，平均站网密度为735 km^2/站，大汶河区站网密度为729 km^2/站，汶宁区站网密度为789 km^2/站。黄河干流区、邹泗区流域面积410 km^2，没有区域代表站。现状水文站网满足WMO推荐的容许最稀站网密度要求。按照行政区划，泰安市区域代表站中新泰市3处、岱岳区2处、泰山区1处、肥城市2处、宁阳县1处、东平县1处。泰安市区域代表站水文区划及河流情况见表7-2。

表 7-2　泰安市区域代表站水文区划及河流情况统计表

序号	测站名称	流域	水系	河流	集水面积(km^2)	所在县(市、区)	所在乡镇、村	所属水文分区
1	瑞谷庄	黄河	大汶河	羊流河	200	新泰市	果都镇瑞谷庄村	大汶河区
2	谷里	黄河	大汶河	柴汶河	900	新泰市	小协镇横山村	大汶河区
3	楼德	黄河	大汶河	柴汶河	1 668	新泰市	楼德镇苗庄村	大汶河区
4	黄前水库	黄河	大汶河	石汶河	292	泰安市岱岳区	黄前镇黄前水库	大汶河区
5	马庄	黄河	大汶河	漕浊河	244	泰安市岱岳区	马庄镇洼口村	大汶河区
6	邢家寨	黄河	大汶河	泮汶河	374	泰安市泰山区	北集坡街道东夏村	大汶河区
7	白楼	黄河	大汶河	汇河	426	肥城市	桃园镇白楼村	大汶河区
8	东王庄	黄河	大汶河	漕浊河	600	肥城市	安驾庄镇东王庄村	大汶河区
9	席桥	黄河	大汶河	汇河	1 245	泰安市东平县	接山镇刘所村	大汶河区
10	宁阳	淮河	南四湖	洸府河	233	泰安市宁阳县	泗店镇岳家庄村	汶宁区

在水文分区完成后，分别列出每个分区内的中小河流和河流上的水文站数。泰安市河流均为雨源型山溪性河流，分属黄河、淮河两大流域，根据划分的水文分区，把流经泰安面积大于 50 km^2 的河流，按照所属水文分区、流域面积、流域级别进行划分，并将水文测站分布河流情况一并统计出来。将流域级别划分为以下 7 级：Ⅰ级区域 200 km^2 以下，Ⅱ级区域 200～500 km^2，Ⅲ级区域 500～1 000 km^2，Ⅳ级区域 1 000～2 000 km^2，Ⅴ级区域 2 000～3 000 km^2，Ⅵ级区域 3 000～5 000 km^2，Ⅶ级区域 5 000～10 000 km^2。泰安市水文分区及河流情况统计见表 7-3。

表 7-3　泰安市水文分区及河流情况统计表

序号	河流名称	流域面积(km^2)	流域级别	水文测站	所属水文分区	
1	贾庄河	50.1	Ⅰ级		大汶河	大汶河区
2	良庄河	51	Ⅰ级	山阳水库站(工程站)	大汶河	大汶河区
3	西周河	51.1	Ⅰ级		大汶河	大汶河区
4	公家汶河	51.5	Ⅰ级	小安门水库站(工程站)	大汶河	大汶河区
5	明堂河	51.9	Ⅰ级		大汶河	大汶河区
6	小漕河	53	Ⅰ级		大汶河	大汶河区
7	龙山河	53.9	Ⅰ级		大汶河	大汶河区
8	段孟李河	57.7	Ⅰ级		大汶河	大汶河区

续表

序号	河流名称	流域面积（km^2）	流域级别	水文测站	所属水文分区	
9	苗河	58.6	Ⅰ级		大汶河	大汶河区
10	赵王河	61.3	Ⅰ级		湖东区	汶宁区
11	牧汶河	63.1	Ⅰ级	角峪水库站（工程站）	大汶河	大汶河区
12	故城河	63.5	Ⅰ级		大汶河	大汶河区
13	小清河	68.6	Ⅰ级		湖东区	汶宁区
14	城东河	73.6	Ⅰ级		大汶河	大汶河区
15	迈莱河	74	Ⅰ级		大汶河	大汶河区
16	东柳河	74.2	Ⅰ级		大汶河	大汶河区
17	疃里河	74.5	Ⅰ级		大汶河	大汶河区
18	西金线河	80.2	Ⅰ级		大汶河	大汶河区
19	王士店河	81.2	Ⅰ级		大汶河	大汶河区
20	莲花河	86.3	Ⅰ级		大汶河	大汶河区
21	代码河	88.1	Ⅰ级		湖东区	汶宁区
22	麻塔河	90.4	Ⅰ级	白云寺站（黄前水库入库站）	大汶河	大汶河区
23	芝田河	92.1	Ⅰ级	邱家店站（中小河流）	大汶河	大汶河区
24	淞河	104	Ⅰ级		大汶河	大汶河区
25	宁阳沟	108	Ⅰ级		湖东区	汶宁区
26	上金线河	111	Ⅰ级		大汶河	大汶河区
27	南金线河	114	Ⅰ级		大汶河	大汶河区
28	平阳河	127	Ⅰ级	金斗水库站（工程站）	大汶河	大汶河区
29	石集河	135	Ⅰ级		湖东区	汶宁区
30	海子河	136	Ⅰ级	郑家庄站（中小河流），贤村水库站（工程站）	大汶河	大汶河区
31	光明河	143	Ⅰ级	光明水库水文站	大汶河	大汶河区
32	禹村河	146	Ⅰ级	田村水库站（工程站）	大汶河	大汶河区
33	淘河	153	Ⅰ级	彩山水库站（工程站）	大汶河	大汶河区
34	柳长河	156	Ⅰ级		湖东区	汶宁区
35	湖区排水河	156	Ⅰ级		大汶河	大汶河区
36	石莱河	166	Ⅰ级		湖东区	邹泗区
37	浊河	169	Ⅰ级		大汶河	大汶河区

续表

序号	河流名称	流域面积（km^2）	流域级别	水文测站	所属水文分区	
38	东金线河	170	Ⅰ级	太平屯站（中小河流）	大汶河	大汶河区
39	险河	176	Ⅰ级		湖东区	邹泗区
40	小汇河	178	Ⅰ级	尚庄炉站（工程站）	大汶河	大汶河区
41	南泉河	196	Ⅰ级		湖东区	汶宁区
42	羊流河	207	Ⅱ级	瑞谷庄水文站；石河庄、苇池水库站（工程站）	大汶河	大汶河区
43	大汶河分叉河	207	Ⅱ级		大汶河	大汶河区
44	跃进河	244	Ⅱ级		大汶河	大汶河区
45	汇河北支	245	Ⅱ级		大汶河	大汶河区
46	小汶河	294	Ⅱ级		湖东区	汶宁区
47	汉马河	315	Ⅱ级		湖东区	汶宁区
48	石汶河	354	Ⅱ级	黄前水库水文站；下港水文站；翟家岭站（中小河流）	大汶河	大汶河区
49	湖东排水河	354	Ⅱ级	吴桃园站（中小河流）	湖东区	汶宁区
50	泮汶河	379	Ⅱ级	邢家寨站（中小河流）；大河站（工程站）	大汶河	大汶河区
51	漕浊河	608	Ⅲ级	马庄站、东王庄站（中小河流）；胜利水库站（工程站）	大汶河	大汶河区
52	汇河	1 248	Ⅳ级	白楼水文站；席桥站（中小河流）；石坞站（中小河流）	大汶河	大汶河区
53	瀛汶河	1 331	Ⅳ级		大汶河	大汶河区
54	洸府河	1 358	Ⅳ级	宁阳站（中小河流）；月牙河水库（工程站）	湖东区	汶宁区
55	柴汶河	1 948	Ⅳ级	楼德站、东周站；谷里、直界、杨庄、祝福庄（中小河流）	大汶河	大汶河区
56	泗河	2 403	Ⅴ级		湖东区	邹泗区
57	大汶河	8 944	Ⅶ级	北望水文站、大汶口水文站、戴村坝水文站	大汶河	大汶河区

从水文分区及河流情况统计可知：

在Ⅰ级区域中共有41条中小河流，其中12条河流上设有水文站，占该级别河流数的29%。

在Ⅱ级区域中共有9条河流，除小汶河、汉马河、湖东排水河3条为跨市界河流，其流域面积在 400 km² 以下且在泰安市辖区内不足 200 km² 外，其余 6 条中有代表站控制的为羊流河、石汶河和泮汶河 3 条河流，占该级别河流数的 33%，占代表站总数的 30%。在大汶河分叉河、跃进河、汇河北支、小汶河、汉马河未设水文站。

在Ⅲ级区域中共有 1 条河流，即漕浊河，其上设置了区域代表站，占Ⅲ级区域河流数的 100%。在该河流上设有代表站 2 处，分别为马庄水文站和东王庄水文站，占区域代表站总数的 20%。

在Ⅳ级区域中有汇河、瀛汶河、洸府河、柴汶河 4 条河流。除瀛汶河作为由济南市入境泰安市的跨市界河流，其在泰安市辖区内面积为 548 km²，没有设置区域代表站外，其余 3 条河流均设置了区域代表站，占Ⅳ级区域河流数的 75%。在汇河设有 2 处代表站、柴汶河设有 2 处代表站、洸府河设有 1 处代表站，占区域代表站总数的 50%。在瀛汶河未设代表站。

为便于进一步对区域代表站分布进行评价，根据《水文站网规划技术导则》要求，在水文分区、分区面积内将各面积级水文测站进行统计，泰安市水文分区分级及测站统计情况见表 7-4。

表 7-4　泰安市水文分区分级及测站统计表

水文四级分区	分区面积（km²）	各面积级（km²）水文测站统计（处）								站网密度（km²/站）
		Ⅰ级（200 以下）	Ⅱ级（200～500）	Ⅲ级（500～1 000）	Ⅳ级（1 000～2 000）	Ⅴ级（2 000～3 000）	Ⅵ级（3 000～5 000）	Ⅶ级（5 000～10 000）	测站合计	
大汶河区	6 563	24	5	2	2		1	2	36	182
邹泗区	314									
汶宁区	789	2	1						3	263
黄河干流区	96									
泰安市	7 762	26	6	2	2		1	2	39	199

从水文分区分级、水文测站及河流情况的统计分析可知：流域面积在 200 km² 以下的小河站有 26 处，占全部测站的 66.7%；流域面积为 200～3 000 km² 的代表站有 10 处，占全部测站的 25.6%；流域面积在 3 000 km² 以上的大河控制站有 3 处，占全部测站的 7.7%。区域代表站分布在Ⅱ～Ⅳ级区域内。

各面积级水文测站主要分布在大汶河区，其次是汶宁区。邹泗区和黄河干流区没有水文测站；Ⅴ级区域内空白没有水文站，泗河作为泰安市与济宁市的跨市界上游河流，在泰安市辖区内面积不足 200 km²，未设置水文站。Ⅱ级区域内有 6 处代表站，占代表站总数的 60%；Ⅲ级区域内有代表站 2 处，占代表站总数的 20%；Ⅳ级区域内有代表站的 2 处，占代表站总数的 20%。

7.2.2　区域代表站目前存在的问题

本次将泰安市现有区域代表水文站，按照四级区套县级行政区分区进行评价，划分为大汶河区、汶宁区、邹泗区和黄河干流区 4 个分区。其中，大汶河区占全市面积的 84.6%，汶宁区占全市面积的 10.2%，邹泗区占全市面积的 4.0%，黄河干流区占全市面积的 1.2%，除邹泗区和黄河干流区面积较小未设水文测站外，其他 2 个分区均设有水文站。

按水文分区和控制面积分级，现有区域代表站布局基本全覆盖。虽然站网基本能满足需求，但还存在一定问题。一是区域代表站分布不均匀。大汶河分区内同一级面积的站数较多，如柴汶河、漕浊河、石汶河、羊流河分布水文测站较集中。二是还存在一定的水文测站空白区。在大汶河区、汶宁区 2 个分区 3 个分级的 14 条河流中，有 6 条河流分级面积内无水文站，如瀛汶河、汇河北支等。三是区域代表站不足。尽管小河站占比较大，但在大汶河下游的平原区、Ⅱ级区域上仍没有代表站，而Ⅲ～Ⅳ级区域即 500～2 000 km² 面积级代表站相对偏少，如瀛汶河上未设控制站等。从面上分布情况看，大汶河上游山区代表站较多，下游平原区偏少或空白，如跃进河无平原区代表站，缺乏产汇流资料。

区域代表站和小河站对资料的特定性要求，以及在描述区域水文特性方面担负的重任，意味着它们是受水利工程影响分析和站网调整的主要对象。根据《水文站网规划技术导则》要求，需要对中小河流代表站受水利工程影响的程度进行评价。泰安市现有区域代表站 10 处，受水利工程影响的有 7 处。其中：瑞谷庄、邢家寨、马庄、东王庄、宁阳 5 处水文站，受上游中型水库轻微程度影响；谷里水文站、楼德水文站受上游大中型水库中等程度影响。7 处受水利工程影响的水文站均为水利工程建设后而设立，测站任务未调整，且不需还原计算。在资料使用时，应根据实际需要进行资料一致性分析处理及还原计算。

7.3　区域代表站调整对策

水文站网布设的主要原则是根据需要和可能优化站网结构，发挥站网的整体功能，提高站网投入与产出的最优社会效益和经济效益，即以较少的投入满足国民经济建设各方面的需要，同时应保持水文站网的相对稳定。一般情况下，最优水文站网的功能应满足各部门的需要:一是为工程建设提供设计水文资料;二是为抗旱防汛及时提供雨水情信息;三是为水利工程管理提供水文信息;四是为水资源管理和水环境保护提供水文资料;五是为专项工程提供水文资料。另外,水文站网要符合《水文站网规划技术导则》的技术要求和站网密度,要符合经济原则,采用较少的水文站,发挥站网整体功能,满足社会各方面要求。

根据《水文站网规划技术导则》要求,结合区域代表站分析评价,一些流域面积级内代表站数已满足 1～2 个的布设要求,但一些流域面积级内无一处代表站。因此,对在空白级内有布站条件的考虑增设代表站;对受水利工程影响不显著的,通过增设辅助断面或经还原计算仍能达到设站目的的,可以保留;对于通过增设辅助断面后经还原计算仍不能达到设站目的的,可以考虑撤销或改变设站目的。对撤销后出现空白级的考虑选择合适的流域补设代表站,使其满足设站数目要求。另外,对于一些受水利工程影响不显著,但代表性不高的站,可以考虑降级、撤销或转移。

大汶河区区域代表站不均匀,在Ⅱ级区域(200～500 km^2)、Ⅳ级区域(1 000～2 000 km^2)内,需各增设 1 处代表站;在Ⅱ级区域羊流河、石汶河上,小河站较多且过于集中,可以考虑各撤销或调整转移 1 处小河站。

Ⅲ级区域内(500～1 000 km^2)仅有一条河流,现有 3 处水文站中有 2 处区域代表站,可以考虑将 1 处代表站进行降级或转移。

第八章

区域代表站和小河站设站年限检验

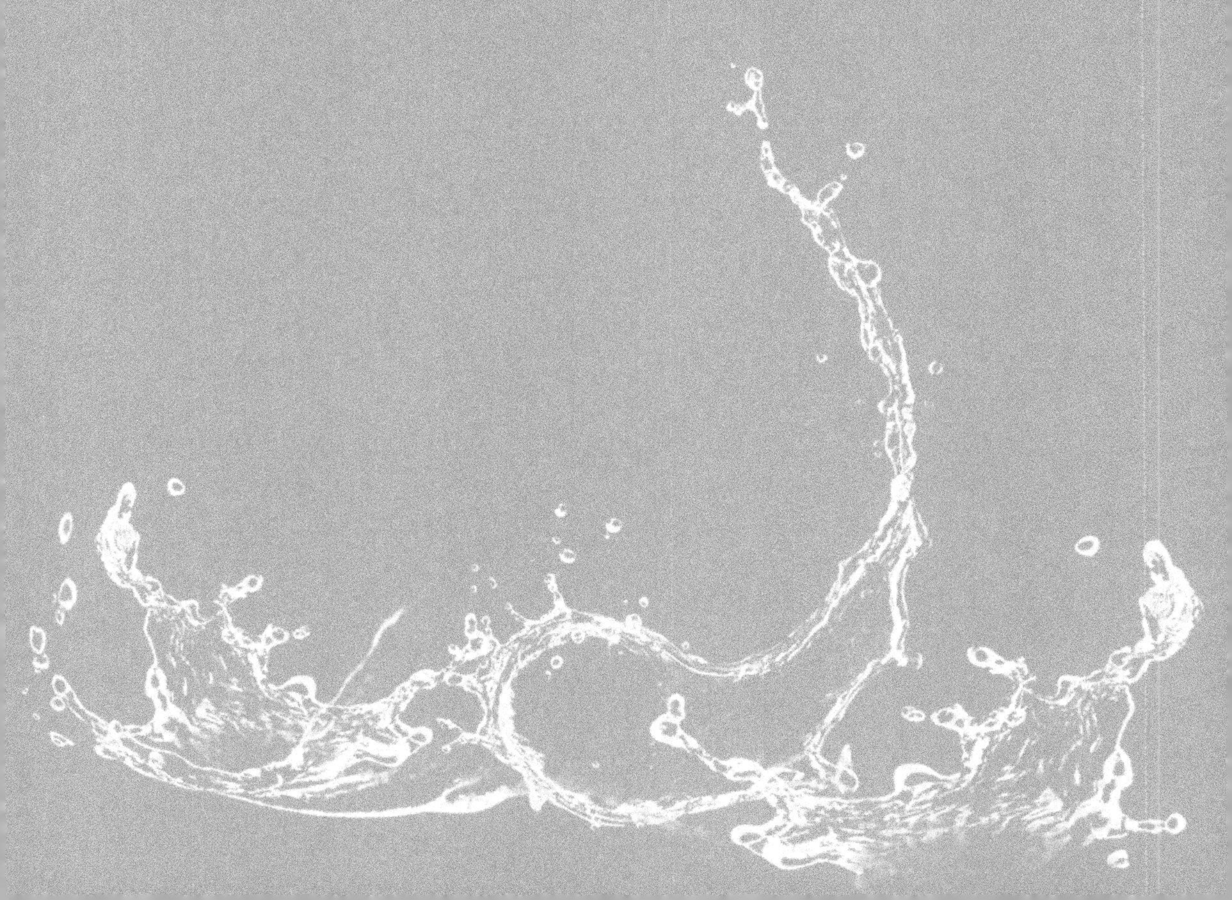

8.1　设站年限检验目的

水文站密度的提高必定伴随着运行负担的增加，因此，在水文测验工作中，及时地撤销或停止一些已达到设站目的的测站并搬迁到新的站址进行观测，可以有效地腾出人力、物力发展水文站网，扩大资料收集范围，是站网保持可持续发展的一个重要的方法[21]。反之，不适当地撤销水文测站，会造成连续记录的中断，影响水文站网的整体性功能。

确定现有水文测站的观测年限，需要综合考虑设站目的、单站对站网整体功能的影响、样本的代表性和对样本统计量的精度要求。根据水文站网的站类划分和测站功能，大河控制站、基准站、报汛站级对江河治理起重要作用的水文站，都是站网中的骨干，只要不是测验条件太差，或者情况发生了变化，达不到设站目的者，一般都要连续地、长期地甚至无限期地积累实测水文资料。为水利工程的调度运用与水资源的合理分配而收集实时资料的水文测站，其观测工作与其服务对象协同运转，一般也不考虑设站年限问题。根据《水文站网规划技术导则》，设站年限的检验，主要针对集水面积在 1 000 km^2 以下的区域代表站和小河站进行。

布设区域代表站的目的在于控制流量特征值的空间分布，通过径流资料的移用技术，提供分区内其他河流流量特征值或流量过程。而布设小河站的目的在于收集小面积暴雨洪水资料，探索产汇流参数在地区上和随下垫面变化的规律。区域代表站和小河站设立在中小河流上，由于受人力、物力、财力等条件限制，不可能在所有中小河流上均设站观测，于是就根据水文分区的原则，在同一水文分区内选择有代表性的河流设站观测，收集各水文分区内的水文资料，以便绘制各种水文因素等值线图，研究水文现象的空间变化规律，为中小流域治理服务[22]。

这类水文站在一个流域或地区内存在数量多、投资大、生活条件艰苦、工作条件差等特点，当这些站通过多年的观测运行已达设站目的时可以停止或撤销，解放出一部分人力物力，转移到其他需要设站的地点，发展水文站网，扩大资料收集范围。如何确定其已达设站目的？这就必须通过统计分析、降雨产汇流分析或其他分析方法对其设站年限进行分析检验。对这类水文站，我们应以经济效益为目标函数，经常分析其设站目的和设站年限，有计划地转移短期站的位置，逐步提高站网密度，实行对基本水文要素在时间和空间上的全面控制，以实现泰安市水文站网的可持续发展。

8.2 设站年限检验方法

8.2.1 检验对象

按照《水文站网规划技术导则》的要求，集水面积在 1 000 km² 以下且没有拍报水情任务的站，需要进行设站年限检验；没有水情任务、单纯为收集暴雨洪水资料而设，设站年限在 15 年以上的小河站，均需进行设站年限检验。除北望、大汶口、戴村坝 3 处大河控制站外，本次将泰安市现有 49 处中小河流水文站作为选择评价范围，包括区域代表站、小河站、专用水文站、辅助站，作为拟选设站年限检验的对象。泰安市中小河流水文站水情报汛情况调研统计如表 8-1 所示。

表 8-1 泰安市中小河流水文站水情报汛情况调研统计表

序号	站名	流域	水系	河流	站类	设站/断面年份	集水面积（km²）	是否水情拍报	是否需设站年限检索
1	光明水库	黄河	大汶河	光明河	小河站	1962 年	132	是	否
2	黄前水库	黄河	大汶河	石汶河	区域代表站	1962 年	292	是	否
3	东周水库	黄河	大汶河	柴汶河	小河站	1977 年	189	是	否
4	白楼	黄河	大汶河	康王河	区域代表站	1977 年	426	是	否
5	下港	黄河	大汶河	石汶河	小河站	1981 年	145	否	是
6	瑞谷庄	黄河	大汶河	羊流河	区域代表站	1982 年	200	是	否
7	楼德	黄河	大汶河	柴汶河	区域代表站	1987 年	1 668	是	否
8	金斗水库	黄河	大汶河	平阳河	小河站	2011 年	88.6	是	否
9	彩山水库	黄河	大汶河	淘河	小河站	2011 年	37.5	是	否
10	小安门水库	黄河	大汶河	公家汶河	小河站	2011 年	36.3	是	否
11	角峪水库	黄河	大汶河	牧汶河	小河站	2011 年	44	是	否
12	贤村水库	黄河	大汶河	海子河	小河站	2011 年	32	是	否
13	山阳水库	黄河	大汶河	良庄河	小河站	2011 年	47	是	否
14	苇池水库	黄河	大汶河	羊流河	小河站	2011 年	25.3	是	否
15	胜利水库	黄河	大汶河	漕浊河	小河站	2016 年	13.8	是	否
16	大河	黄河	大汶河	泮汶河	小河站	2016 年	84.5	是	否

续表

序号	站名	流域	水系	河流	站类	设站/断面年份	集水面积（km^2）	是否水情拍报	是否需设站年限检索
17	直界	黄河	大汶河	石固河	小河站	2016 年	26	是	否
18	尚庄炉	黄河	大汶河	小汇河	小河站	2016 年	141	是	否
19	翟家岭	黄河	大汶河	石汶河	小河站	2016 年	145	是	否
20	邱家店	黄河	大汶河	芝田河	小河站	2016 年	90	是	否
21	邢家寨	黄河	大汶河	泮汶河	区域代表站	2016 年	374	是	否
22	祝福庄	黄河	大汶河	柴汶河	小河站	2016 年	16.5	是	否
23	石河庄	黄河	大汶河	羊流河	小河站	2016 年	12	是	否
24	谷里	黄河	大汶河	柴汶河	区域代表站	2016 年	900	是	否
25	杨庄	黄河	大汶河	赵庄河	小河站	2016 年	18.1	是	否
26	郑家庄	黄河	大汶河	海子河	小河站	2016 年	133	是	否
27	马庄	黄河	大汶河	漕浊河	区域代表站	2016 年	244	是	否
28	东王庄	黄河	大汶河	漕浊河	区域代表站	2016 年	584	是	否
29	石坞	黄河	大汶河	汇河	小河站	2016 年	87	否	否
30	席桥	黄河	大汶河	汇河	区域代表站	2016 年	1 245	是	否
31	太平屯	黄河	大汶河	东金线河	小河站	2016 年	131	是	否
32	吴桃园	淮河	南四湖	湖东排水河	小河站	2016 年	144	是	否
33	宁阳	淮河	南四湖	洸府河	区域代表站	2016 年	233	是	否
34	月牙河水库	淮河	南四湖	洸府河	小河站	2020 年	13.6	是	否
35	田村水库	黄河	大汶河	禹村河	小河站	2020 年	15	是	否
36	白云寺	黄河	大汶河	石汶河	小河站	2022 年	75.6	否	否
37	泰安	黄河	大汶河	胜利渠	辅助站	1978 年		否	是
38	颜谢	黄河	大汶河	引汶渠	辅助站	1979 年		否	是
39	汶口（南灌渠）	黄河	大汶河	引汶渠	辅助站	1970 年		否	是
40	汶口（北灌渠）	黄河	大汶河	引汶渠	辅助站	1970 年		否	是
41	砖舍	黄河	大汶河	引汶渠	辅助站	1979 年		否	是
42	堽城坝	黄河	大汶河	引汶渠	辅助站	1979 年		否	是
43	琵琶山	黄河	大汶河	引汶渠	辅助站	1979 年		否	是
44	松山（东）	黄河	大汶河	引汶渠	辅助站	1988 年		否	是
45	松山	黄河	大汶河	引汶渠	辅助站	1979 年		否	是

续表

序号	站名	流域	水系	河流	站类	设站/断面年份	集水面积(km^2)	是否水情拍报	是否需设站年限检索
46	南城子	黄河	大汶河	引汶渠	辅助站	1979年		否	是
47	龙门口水库	黄河	大汶河	康王河	辅助站	1981年		否	是
48	龙池庙水库	黄河	大汶河	柴汶河	辅助站	1981年		否	是
49	角峪	黄河	大汶河	大汶河	辅助站	2011年	1 331	否	否

由测站基本情况可知，泰安市现有10处区域代表站均有水情拍报任务，其中楼德水文站流域面积为1 668 km^2，大于1 000 km^2，故泰安市10处区域代表站均无需进行设站年限检验。角峪站作为区域水量监测的辅助站，虽然没有水情拍报任务，但流域面积为1 331 km^2，大于1 000 km^2，因此无需进行设站年限检验。

在38处小河站(包括辅助站)中，有23处承担水情拍报任务，有2处设站年限在10年以下，这25处水文站不需要进行设站年限检验。其余13处无水情任务且设站年限在15年以上，需要进行设站年限检验。小河站设站年限检验方法通常包括以下3种：抽样误差检验法、设计洪水和枯水检验法和产汇流参数检验法[23]。

8.2.2 检验方法

8.2.2.1 抽样误差检验法

抽样误差检验法是选用长系列数据特征值作为样本系列，计算各特征值系列的均值、离差系数，以此作为该样本系列的真值，然后计算不同设站年限系列的均值、离差系数，与真值进行比较，计算其误差。若在误差标准范围内，则说明该站已达设站年限；否则，该站仍需继续观测。

方法一：样本均值精度法

设一水文站的天然年径流量系列为 $X_i(i=1,2,3,\cdots,m)$，要求有 $(1-\alpha)$ 的保证率，使样本的均值与系列总体均值 μ 的差异，满足不等式 $|\overline{x}-\mu|\leqslant\varepsilon\overline{x}$。其中，$\varepsilon$ 为允许误差的相对值；α 称为显著性水平，$0\leqslant\alpha\leqslant1$；$m$ 是样本系列长度。

按照 t 检验原理，可导出满足对样本均值要求的设站年限计算公式：

$$N=1+\left(\frac{C_v t_\alpha}{\varepsilon}\right)^2$$

上述公式表示对已知样本变差系数 C_v 的水文系列，若进行 N 年观测，则有 $(1-\alpha)$ 的保证率，使样本与总体均值之间的相对误差不超过事先指定的相对误差 ε。

式中：t_α 是自由度为 $(N-1)$、显著性水平为 α 的 t 分布积分下限，其数值随 N 的增大而减小。当 N 较大 $(N>10)$ 时，t_α 值接近常数 1.6。

将系列长度为 m 的大样本算得的均值 $\overline{X}_m$ 和变差系数 C_{vm} 作为系列总体的近似真值。然后从大样本中抽取长度为 n 的子样本，长度 n 一般按 5 年间隔取样，即 20 年，25 年，30 年……一定长度的子样本的个数为 $l=m-n+1$，计算每个子样本的均值、变差系数 C_{vnl} 及其误差 δ_{nl}；再根据设定的 ε 和 α 值用上述公式计算每个子样本的设站年限 N_l，并求其一定长度的子样本的设站年限平均值 $\overline{N}_j$。计算公式如下：

总体（大样本）：$\overline{X}_m=\dfrac{1}{m}\sum\limits_{i=1}^{m}X_i$

$$C_{vm}=\sqrt{\frac{\sum\limits_{i=1}^{m}(k_i-1)^2}{m-1}},\ k_i=\frac{X_i}{\overline{X}_m}$$

子样本：$\overline{X}_{nl}=\dfrac{1}{n}\sum\limits_{j=1}^{m}X_j$

$$C_{vnl}=\sqrt{\frac{\sum\limits_{j=1}^{m}(k_j-1)^2}{n-1}},\ k_j=\frac{X_j}{\overline{X}_{nl}}$$

误差：$\delta_{nl}=\dfrac{\overline{X}_{nl}-\overline{X}_m}{|\overline{X}_{nl}|}$

子样本设站年限：$N_l=1+\left(\dfrac{C_v t_\alpha}{\varepsilon}\right)^2$

平均设站年限：$\overline{N}_j=\dfrac{1}{l}\sum\limits_{j=1}^{l}N_j$

对于设定的 α 和 ε，当设站年限达到一定长度时，不同容量的子样本算得的设站年限平均值接近常数，该常数值即为测站达到设站目的时的设站年限。

方法二:特征值法

计算从设站开始至2022年各特征值系列的均值$\overline{x}$、离差系数C_v,以此作为真值,然后计算不同设站年限系列的$\overline{x}_{计}$、$C_{v计}$值,并与真值进行比较,计算其误差,再与给定的误差标准比较。若在误差范围内,则已达设站年限。否则,未达设站年限。

不同检验年限按20年、30年、40年、50年抽样,对于设站年限小于或等于30年的,按5年间隔抽样,即10年、15年、20年、25年抽样。每种检验年限采取随机抽样法抽取5个样本,尽量包括从设站至2020年的各个时段。取5个样本的$\overline{x}$、C_v值的平均值作为该检验年限的均值$\overline{x}_{计}$、离差系数$C_{v计}$。计算方法如下:

$$\overline{x}=\frac{1}{n}\sum_{i=1}^{n}x_i$$

$$C_v=\sqrt{\frac{\sum_{i=1}^{n}(k_i-1)^2}{n-1}},\ k_i=\frac{x_i}{\overline{x}}$$

误差标准:$R_{年}\leqslant15\%$,Q_{max}、G_{max}、$R_{max月}\leqslant15\%$,Q_{min}、G_{min}、$R_{min月}\leqslant20\%$。

8.2.2.2 设计洪水和枯水检验法

设计洪水和枯水检验法,采用建站以来的年最大洪峰流量Q_{max}系列和年最小流量Q_{min}系列分别作为设计洪水和设计枯水的检验样本,计算不同保证率下的流量值,将其作为真值。然后以不同设站年限系列的样本,计算不同保证率下的流量值,计算其与上述真值的相对误差。若计算所得的相对误差在标准范围内,且测得20年一遇的洪峰流量,则表明该站已达设站年限,可以撤站。

计算从设站开始至2020年设计洪水、设计枯水在不同保证率$p=1\%$、2%、5%、10%下的流量值$Q_{1\%设}$、$Q_{2\%设}$、$Q_{5\%设}$、$Q_{10\%设}$,以此作为标准值,然后计算不同检验年限的$Q_{1\%计}$、$Q_{2\%计}$、$Q_{5\%计}$、$Q_{10\%计}$值,并与标准值进行比较,计算其误差,再与给定的误差标准比较不同检验年限的抽样,同抽样误差检验法。

误差标准及实测保证率洪水标准:$Q_{max}\leqslant15\%$,$Q_{min}\leqslant20\%$,且实测到20年一遇以下洪峰流量。

应注意:计算设计洪水保证率时样本按从大到小排列,计算设计枯水保证率时样本按从小到大排列。

8.2.2.3　产汇流参数检验法

产汇流参数检验法是通过对降雨径流关系检验、稳定下渗率 f_c 检验、汇流参数 m 检验，来确定该站是否满足设站年限的检验方法。

（1）降雨径流关系检验：以建站至 2022 年间各场洪水的降雨径流资料为基础，绘制降雨径流关系图，计算其合格率，以此作为标准，同时计算不同年限的降雨径流关系图的合格率（不同年限的划分同上，不同点为从 2022 年往前推）。当合格率为 60%以上或接近时，所求年限即为设站年限。

（2）稳定下渗率 f_c 检验：以降雨径流关系检验法的资料为基础，计算自建站开始至 2022 年间各次洪水的稳定下渗率的平均值 $f_{c标}$，以此作为标准值，同时计算不同年限的各次洪水的稳定下渗率的平均值 $f_{c计}$。当计算值 $f_{c计}$ 与标准值 $f_{c标}$ 接近或稳定时，所求年限即为设站年限。

（3）汇流参数 m 检验：分析自建站开始至 2022 年间各次洪水的汇流参数 m，点绘 $Q_m/F-m$ 关系图，计算其合格率。同时计算不同设站年限的合格率，当成果均为合格或接近时，所求年限即为设站年限。

8.3　设站年限检验结果

对 13 处小河站采用 3 种不同的设站年限检验方法进行检验，检验结果如表 8-2 所示。由于水文资料的限制，部分检验方法无法获得设站年限，且泰安、颜谢、汶口（南灌渠）、汶口（北灌渠）、砖舍、堽城坝、琵琶山、松山（东）、松山、南城子、龙门口、龙池庙 12 处渠首为水量调查站，只有平均流量数据，因此不参加设计洪水和枯水检验法及产汇流参数检验法计算。只有下港水文站求得了设站年限，设站年限在 30～40 年，其余未得到。根据中小河流水文站综合设站年限检验结果，提出调整建议：下港站 2002 年已停测，建议恢复测验；泰安、颜谢、汶口（南灌渠）、汶口（北灌渠）、砖舍、堽城坝、琵琶山、松山（东）、松山、南城子、龙门口、龙池庙 12 处渠首站未测得设站年限，建议保留。

按单项检验结果来讲，由于受资料及检验方法的限制，参加各项检验的站数及检验结果不尽相同。抽样误差法采用长短系列水文参数特征值的比较的方式进行设站年限检验，分析结果多不统一，需结合其他方法进行进一步检验。设计洪水和枯水检验法，基本能够反映该站实际测得的洪峰流量等级，但由于北方地区干旱频发，年最小流量多为 0，采用对年最小流量系列的频率计算，显然不具代表性，因此设计枯水的方法在多数北方地区的小河站不适用。产汇流参数检验法采用资料全面，分析方法合理，综合考虑下垫面影响因素，结论可靠度较高，但由于近几十年来人类活动对天然径流的影响，系列一致性遭到破坏，需对资料进行还原计算。另外，北方干旱地区大水次数在资料系列中占比相对较少，汇流参数 m 检验不适用。因此，在判定小河站是否达到设站目的时，应对三种方法综合分析，并视具体情况灵活操作，因地制宜，全面考虑，为站网调整提供科学可靠的依据。

表 8-2 泰安市中小河流水文站设站年限检验成果

序号	站名	设站年份	样本年数(年)	抽样误差检验法设站年限(年)	设计洪水和枯水检验法设站年限(年)	产汇流参数检验法设站年限(年)	综合设站年限(年)	是否测得10～20年一遇洪水资料	调整建议
1	下港	1981年	21	30	30	40	33	是	2002年停测，建议恢复测验
2	泰安	1978年	44	未得到	不参加	不参加	未得到	否	建议保留
3	颜谢	1979年	43	未得到	不参加	不参加	未得到	否	建议保留
4	汶口(南灌渠)	1970年	52	未得到	不参加	不参加	未得到	否	建议保留
5	汶口(北灌渠)	1970年	52	未得到	不参加	不参加	未得到	否	建议保留
6	砖舍	1979年	43	未得到	不参加	不参加	未得到	否	建议保留
7	堽城坝	1979年	43	未得到	不参加	不参加	未得到	否	建议保留
8	琵琶山	1979年	43	未得到	不参加	不参加	未得到	否	建议保留
9	松山(东)	1988年	34	未得到	不参加	不参加	未得到	否	建议保留
10	松山	1979年	43	未得到	不参加	不参加	未得到	否	建议保留
11	南城子	1979年	43	未得到	不参加	不参加	未得到	否	建议保留
12	龙门口水库	1981年	41	未得到	不参加	不参加	未得到	否	建议保留
13	龙池庙水库	1981年	41	未得到	不参加	不参加	未得到	否	建议保留

8.4 区域代表站和小河站的调整对策

确定水文测站的设站年限，需要综合考虑设站目的，审查单站对站网整体功能的影响，水文资料的经济效益和受水工程的影响程度，样本的代表性和对样本统计量的精度要求，经对地理位置、重要性等其他因素进行综合分析论证，再联系测站的测验条件、生活交通条件等实际情况，方可对测站的撤留做出决策。

8.4.1 区域代表站的调整对策

按照《水文站网规划技术导则》中区域代表站的调整要求，集水面积在

1 000 km^2 以上的区域代表站，都必须列入长期站，集水面积在 1 000 km^2 以下的区域代表站，也可列入长期站；集水面积在 1 000 km^2 以下的区域代表站，若没有拍报水情任务或已测得 30～50 年一遇以下洪水资料，并经检验求得了设站年限，则可以考虑撤销或转移到其他需要设站的地点进行观测。按此标准，列入长期站或有水情报汛任务的站，无论设站年限达到与否，均应保留，其他达到设站年限的可以撤销，未达到的继续保留或降级。

8.4.2　小河站的调整对策

根据《水文站网规划技术导则》要求，没有水情任务、单纯为收集暴雨洪水资料而设的小河站，已测得 10～20 年一遇及以下各级洪水资料，并求得了比较稳定的产汇流参数，可以停测或转移设站位置。结合实际达到设站目的能转移的可以转移，但由于水利工程建设及小流域的治理对下垫面影响较大，考虑到下垫面变化后产汇流参数的探求问题，对于未达设站目的或已达设站目的的小河站，仍可以继续保留观测，对于失去设站意义的小河站，则可将其降级为水量控制站。

第九章

结论与建议

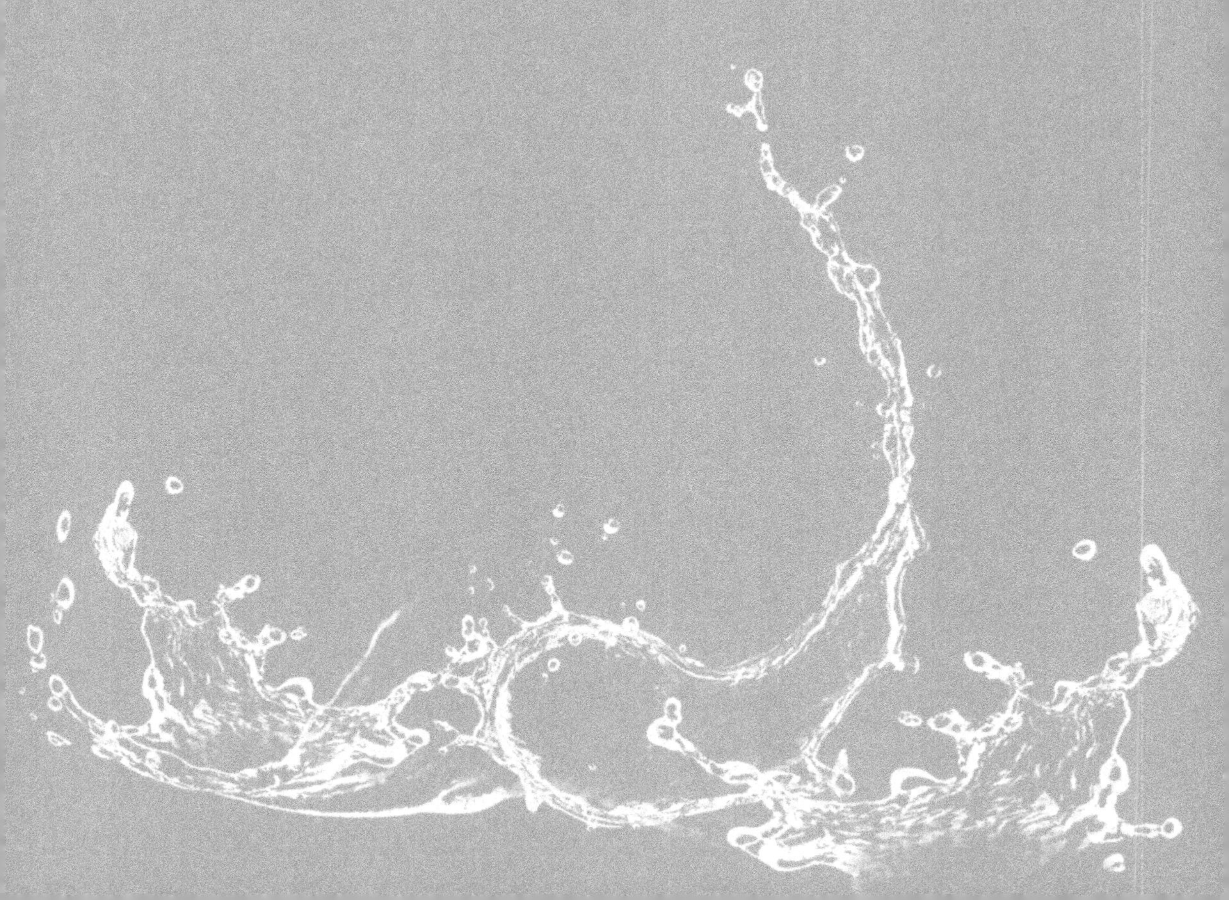

泰安市在新中国成立前保留下了少数水文测站，新中国成立后开始恢复并大量地设立水文监测点，在1966年“文化大革命”开始后，由于经济困难，有少数水文站被撤销和部分测验项目被停测，其余测站的变动主要是受水利工程及测验条件变化的影响，进行了局部调整。主管水文的机构变动频繁，人员不固定，经费不能保证，收集的资料残缺不全，水文测报工作受到一定程度的干扰和破坏，水文站网发展缓慢。近年来，随着水利建设的发展，特别是资源水利、现代水利、可持续发展水利的治水新思路的提出，水文围绕水利的中心工作，以优质的水文水资源信息支撑水资源的可持续利用，支撑经济社会的可持续发展。通过中小河流、大江大河、水利工程带水文、重点水利工程水文设施等工程建设，泰安市水文站网建设得到进一步的发展与完善。但多年来，由于水资源短缺、水生态环境恶化，其现有水文站网在防汛抗旱、水资源优化配置、水环境修复与保护等方面需要进一步调整、充实。

9.1　站网密度布局评价

泰安市流域总面积7 762 km^2，现有水文站39处(不含13处辅助站)，平均站网密度为199 km^2/站。全区平均站网密度在WMO推荐的容许最稀水文站网密度范围内，但由于全市各行政区域内站网密度不均、水利工程多、河流间存在跨河引水，且水资源需求矛盾突出，因此站网密度需求相对较大。

全市水文站和水位站共有54处水位观测项目(不含辅助站)，站网平均密度为144 km^2/站，已达到规定标准。

全市共有5处水文站开展泥沙观测项目，站网平均密度为1 552 km^2/站。泥沙站网平均密度已达到WMO推荐的温带、内陆容许最稀水文站网密度标准。但由于泥沙站设在大河干流、重要支流上，随着水土流失治理工作的开展，对水土流失严重地区河流的泥沙资料的需求越来越高，建议加强泥沙项目的测验分析。

全市境内现有雨量观测站147处(不含水文站、水位站雨量观测项目)，站网平均密度为52 km^2/站，基本达到WMO推荐的容许最稀站网密度要求。但若按照《水文站网规划技术导则》中“单站面积不宜大于200 km^2”的规定，大汶河下游(跃进河)站网密度超出标准，不符合要求。在今后的站网规划中，建议在戴村坝水文站以下区域适当补充2～3处雨量站。

全市现有蒸发观测项目8处，均包含在水文站观测项目中，其中国家基本水文站4处、中小河流专用水文站4处。站网平均密度为970 km^2/站，现有蒸发站网密度基本已达到WMO推荐的容许最稀站网密度要求。

全市现有地表水重点水质监测站15处，站网平均密度为517 km^2/站。在现有39处水文站中有水质监测项目的有8站，占全部水文站的21%，符合WMO有关温和湿润地区和热带林区最低容许站网密度5%标准；水功能区布设35处水质站，站网平均密度222 km^2/站。水质站网密度已达到容许最稀站网密度要求。鉴于水生态环境对水质要求高，建议在水生态敏感区加密水质站点及监测频次，调整优化水质站网，增配先进的水质监测设备。

全市现有墒情监测项目19处，包括9处人工、10处自动墒情监测站，站网平均密度为409 km^2/站。按耕作面积规划的墒情站网密度，灌溉耕地控制面积为257 km^2/站，非灌溉耕地为93 km^2/站，墒情站网基本符合规定标准；按行政区划规划的墒情站网密度要求，除泰山区不符合外，其他县市区符合规定标准。鉴于旱灾是危害较大的气象灾害之一，对农业生产影响很大，抗旱工作面临了更高要求，应当建设一个高效、可靠、覆盖全面的墒情信息采集系统，随时采集和掌握旱情信息，从而为指挥抗旱救灾提供有力保障。

全市现有动态观测井90站，平均井网密度为12站/10^3 km^2，各市、区承压水及潜水均有一定程度的控制，基本满足《水文站网规划技术导则》最低密度标准要求。

9.2 河流水量控制站网布局评价

泰安市辖区内集水面积200 km^{2}以上的河流共有11条，其中能够完全满足流域水量计算要求的河流数为6条(出流口附近有水文站)，占55%；有水文站控制的河流占82%；全部河流中没有水文站，但有水位站或雨量站的河流2条，占18%。建议在今后水文站网规划、调整中加强无水文站控制河流的水文站网布设，特别是较大支流的出口水文站的布设。

9.3 行政区界水资源控制站网布局评价

在泰安市的省市际河流中，辖区内集水面积大于200 km^{2}的河流共5条，分别为大汶河、瀛汶河、汇河、洸府河、泗河。东平湖陈山口以下至入黄河河段为小清河，为省市际河流且有水量控制需求，其中泰安市管理的水文站控制的河流1条，占20%，即在大汶河上游市级行政区界附近设角峪水文站断面，以及下游省级断面设戴村坝水文站。还有80%的市际河流未布设测验断面。

省市际行政区界河流水量、水质监测控制需求更高。东平湖担负着拦蓄大汶河来水、蓄滞黄河洪水和南水北调(东线)水量调蓄三个重要任务,当地水、跨流域调水在此交织在一起,分别由不同的监测部门和水管单位调度管理,多年来入湖水量和出湖水量不平衡且差值偏大,水文站网的功能存在不足。故需要在现有水文站网的基础上,补充完善并加强行政区界水资源监测站网建设,以更好地满足水资源保护、管理、调度和评价需求服务。

9.4 防汛测报方面的站网布局评价

在泰安市辖区内集水面积200 km^2 以上的11条河流中,有防汛测报需求的河流有9条,占82%;完全满足防汛测报需求的河流有3条,占33%;满足率在60%以上的河流有3条,占33%;满足率在60%以下的河流有2条,占22%;有防汛测报需求的河流的报汛点基本能够满足防汛测报需要,但跃进河、泗河没有水文站或水位站未开展防汛测报,应当增加报汛功能以满足抗洪减灾的需要。建议加强报汛站建设,特别是控制局部暴雨的水文站、雨量站网建设。

9.5 水质监测站网布局评价

水资源紧缺,已成为泰安全市国民经济和社会发展的重要制约因素。建议加强水质监测,确保跟踪掌握生态流量水质动态资料分析,建立与水行政主管部门联合沟通机制,维持河湖生态健康。

9.6 水资源管理监测布局评价

泰安市现有水文监测断面52处,水文断面功能中,水资源调查评价、灌区供水比例略高,其他各项均较少,功能较弱,不能满足当今社会的需求。虽然这些水文站网所收集的水文数据也是水资源综合管理的必要资料,但单纯为水资源管理服务的水文测站较少。而且,从社会经济的发展和水资源的合理开发、高效利用、优化配置、全面节约、有效保护、综合治理及水环境保护和生态修复等方面看,现有水文站网还不能满足水资源综合管理的需求,也对流域经济的可持续发展造成不利影响。这个问题希望能在今后的水文站网优化调整中重点考虑,尽快补充完善。

9.7 水文站网受水利工程影响的布局调整评价

泰安市现有3处大河控制站，水利工程的实施对北望水文站、大汶口水文站、戴村坝水文站产生影响。它们主要是受大汶河上游修建的大量的大中小型水库影响和干流河道建设的拦河闸坝、橡胶坝工程影响。戴村坝水文站受南水北调东平湖调蓄和京杭运河大清河航道影响，基本测验断面的流量、泥沙项目上迁7.4 km进行测验，原断面仍保留水位观测项目。对于整条河流呈梯级开发，水文站“迁无可迁”的，要考虑水文站与水利工程结合。在测站搬迁时，要适当考虑调整测站功能，尽量实现与水利工程结合和为工程提供服务的目的，同时实现水资源评价和算清水账的目的。建议将工程建设前的水文资料妥善保存，以便与新的资料系列进行工程建设前后的对比分析；增加测验力度，大力引进新仪器新设备，如ADCP、电波流速仪、雷达式测速仪、OBS现场测沙仪等。

泰安市现有区域代表站10处，受水利工程影响的有7处，占区域代表站总数的70%。受轻微影响的有5站，占受影响区域代表站的71%，测站任务未调整，且无需还原计算；受水利工程中度影响的有2站，占受影响区域代表站的29%，测站任务未调整，在资料使用时，根据实际需要应进行资料分析处理及还原计算。

9.8 水文分区及区域代表站调整评价

水文分区是根据地区的气候、水文特征和自然地理条件所划分的不同水文区域。水文分区是规划区域代表站的依据，通过代表站观测资料的积累，得到不同水文区域内的水文规律，实现水文资料向同类无资料河流移用的目的，以最优化的站网布局完成最大化的资料采集任务。本次水文分区，综合考虑各种因素对径流的影响，并考虑行政区域内的水文特点，之后又结合第三次水资源评价的成果进行了验证，将泰安市划分为大汶河区、汶宁区、邹泗区和黄河干流区4个分区。

泰安市现有区域代表站10处，按水文分区和控制面积分级，现有区域代表站布局基本全覆盖。虽然站网基本能满足需求，但还存在区域代表站在不同面积级上分布不均匀，大汶河下游的平原区还有一定的水文测站空白和区域代表站不足等问题。建议在瀛汶河、汇河北支增设水文站，在跃进河增设平原区代表站。

在Ⅱ级区域的羊流河、石汶河上，小河站较多且过于集中，可以考虑调整转移小河站。建议增加行政区界、重要取水和退水口、湿地的监测站建设。

9.9　设站年限检验与水文测站调整

及时地撤销已达到设站目的的测站并将其搬迁到新的站址进行观测，是站网保持可持续发展的一个重要的方法。区域代表站和小河站设立在中小河流上，这类水文站在一个流域或地区内存在数量多、投资大、生活条件艰苦、工作条件差等特点，当这些站通过多年的观测运行已达设站目的时可以停止或撤销，解放出一部分人力物力，转移到其他需要设站的地点。建议分析设站目的和设站年限，有计划地转移短期站的位置，逐步提高站网密度，实现对基本水文要素在时间和空间上的全面控制，以实现泰安市站网的可持续发展。

全市 10 处区域代表站均有水情拍报任务或集水面积大于 1 000 km^2，均无需进行设站年限检验，必须列入长期站；对 13 处小河站（渠首站）采用 3 种不同的设站年限检验方法进行检验。下港站 2002 年已停测，建议恢复测验；12 处渠首站未测得设站年限，作为区域水量监测和大河控制站的辅助断面，建议长期保留。

考虑到下垫面变化后产汇流参数的探求问题，对于未达设站目的或已达设站目的的小河站，仍可以继续保留观测；对于失去设站意义的小河站，则可将其降级为水量控制站。

参考文献

[1] 李国英. 建设“原型黄河”完善的测验体系[J]. 中国水利，2002(8)：28-31+5.

[2] 王松. 山东水文职工培训教材[M]. 郑州：黄河水利出版社，2017.

[3] 徐玉. 大汶河河道采砂现状调查与对策[J]. 地下水，2011，33(2)：159-161.

[4] 陈琳. 豫西地区土壤墒情监测站的现状与思考[J]. 河南水利与南水北调，2021，50(3)：85-86.

[5] 余建才. 关于中小河流水文监测站网建设的研究[J]. 硅谷，2014(13)：196+198.

[6] 刘家宏，梅超，王佳，等. 北京市门头沟流域“23・7”特大暴雨洪水过程分析[J]. 中国防汛抗旱，2023，33(9)：50-55.

[7] 许万清，张培顺. 遥测固态存储雨量器与普通自记雨量计的比测分析[J]. 吉林水利，2017(5)：41-43+48.

[8] 干慧瑛. 浅淡水文遥测系统中的信息采集与传输应用[J]. 中国水运（下半月），2013，13(8)：86-87.

[9] 张伟莹. 水文信息系统现代化研究[J]. 黑龙江科技信息，2017(2)：111.

[10] 山东省水文总站. 山东省水文事业志[M]. [出版地不详]：[出版者不详]，1991.

[11] 杨金霞，段哲古. 天津市水文站网评价方法探析：中国水利学会 2008 学术年会论文集（上册）[C]. 北京：中国水利水电出版社，2008.

[12] 张家军，刘彦娥，王德芳. 黄河流域水文站网功能评价综述[J]. 人民黄河，2013，35(12)：21-23.

[13] 贺冰蕊，翟盘茂. 中国 1961—2016 年夏季持续和非持续性极端降水的变化特征[J]. 气候变化研究进展，2018，14(5)：437-444.

[14] 王巧平，王成建. 水利工程对水文站网的影响分析[J]. 河北水利，2010(3)：30.

[15] 李星. 吉安市水文分区研究与应用[D]. 南昌：南昌工程学院，2017.

[16] 熊怡，张家桢，等. 中国水文区划[M]. 北京：科学出版社，1995.

[17] 马秀峰，龚庆胜. 干旱地区中小河流水文站网布设原则综述：干旱地区水文站网规划论文选集[C]. 郑州：河南科学技术出版社，1988.

[18] 岳素青. SOM 神经网络的研究及在水文分区中的应用[D]. 南京：河海大学，2006.

[19] 中华人民共和国水利部. 水文站网规划技术导则：SL 34—2013[S]. 北京：中国水利水电出版社，2013.

[20] 张静怡. 水文分区及区域洪水频率分析研究[D]. 南京：河海大学，2008.

[21] 王世钧.甘肃省水文测站设站年限分析[J].甘肃水利水电技术,2009,45(1):40+58.
[22] 牛玉国.水文资料精度与水文站设站年限及效益的关系[J].人民黄河,1994(7):7-9.
[23] 李媛媛.关于小河站设站年限检验方法的探讨[J].河北水利,2014(4):36.